园林余笔

沙无垢 著

古吴轩出版社

图书在版编目（CIP）数据

园林余笔 / 沙无垢著. -- 苏州 : 古吴轩出版社,
2021.12
ISBN 978-7-5546-1871-4

Ⅰ. 园… Ⅱ. ①沙… Ⅲ. ①园林艺术-中国-文集
Ⅳ. ①TU986.62-53

中国版本图书馆CIP数据核字(2021)第257966号

责任编辑：鲁林林
见习编辑：陈思沅
装帧设计：沈伟杰
责任校对：戴玉婷

书　　名：园林余笔
著　　者：沙无垢
出版发行：古吴轩出版社
　　　　　地址：苏州市八达街118号苏州新闻大厦30F　　邮编：215123
　　　　　电话：0512-65233679　　　　　　　　　　　传真：0512-65220750
出 版 人：尹剑峰
印　　刷：无锡市证券印刷有限公司
开　　本：889×1194　1/32
印　　张：6.5
字　　数：130千字
版　　次：2021年12月第1版　第1次印刷
书　　号：ISBN 978-7-5546-1871-4
定　　价：68.00元

如有印装质量问题，请与印刷厂联系。0510-85435777

目　录

愚人偶得

林缘拾得

后　记

运河之颂

　　拉开我家西面的窗帘，号称无锡主山的锡山及山顶的龙光塔，便宛然在目；而走出小区东边的侧门，就到了世界文化遗产"中国大运河·江南运河无锡城区段（包含黄埠墩、西水墩二处）"的岸边。这分明应了杜甫瑰丽的诗句"窗含西岭千秋雪（锡），门泊东吴万里船"。而且小区又紧挨着我参与建设的运河公园，细细考究起来，这地方就在康熙皇帝下江南时命王翚（石谷）所绘《南巡图》的画境中。坐拥着这无价的诗情画意，能不高唱运河的颂歌吗？

大运河应积极"申遗"

（原载《无锡日报》2004年9月12日B2版）

　　无锡是大运河的遗产地。其干流及重要支流伯渎港、梁溪河、惠山浜等，在漫长的历史时期中，对无锡的社会、经济、生态、文化发展，发挥过无与伦比的重要作用。大运河是无锡永恒的话题，运河歌应该一直唱下去。如今，无锡人"唱运河歌，打太湖牌，建山水（生态）城"，正以投入数以亿计巨资的大手笔，启动内河、梁溪河的整治工作。这与大运河"申遗"所必须进行的保护工作有着高度的一致性，应该以此为契机，统筹我市的创建生态人居名城、历史文化名城工作。

　　无锡开凿人工运河的历史，传说可追溯至3100年前泰伯率民开凿的伯渎港，而文字记载则为2500年前吴王夫差为北伐齐国而部分利用自然河道、部分由人工开凿或疏浚而成的"邗沟"、"古吴水"（今大运河之苏南运河前身）。经过2000多年来的沧桑变化，大运河无锡段的干流有三种形态：一为原来穿无锡古城而过的"直河（弦河）遗址"（今为中山路），二为古运河，三为新运河。其最重要的支流也有三条：一为自"清明桥"附近向东分流的伯渎港；二为自"西水墩"向西南分流，穿越新运河，沟通蠡湖、太湖的梁溪河；三为自"黄埠墩"向西分流的惠山浜（包括龙头河）。该水系网络在我市经济、生态、文化等方面的历史价值、现实价值和战略地位可概括为三个"道"：

经济通道。明清以后，无锡凭借优越的地理区位和大运河穿城而过带来的交通便利，先后以米市、土布码头、丝市、钱庄银行业称雄江南，沿岸之窑业、造船业、堆栈业和南北杂货交易等也很发达。自19世纪末叶至20世纪30年代，无锡的杨氏、荣氏、唐氏、薛氏等依托水运在运河沿线建立工厂。无锡成为我国民族工商业的发祥地之一，大运河功不可没。时至今日，大运河无锡段仍然通达13个省、市，其每年运输总量仍大大超过沪宁线，故大运河又是无锡能成为区域性交通枢纽城市，以及把旅游业作为无锡支柱产业的基本条件之一。

生态绿道。北京大学俞孔坚、李迪华、李伟《论大运河区域生态基础设施战略和实施途径》指出：以大运河为走廊、运河支流为廊道，以与运河毗邻的湖泊和湿地及城镇为板块，以周边农田为基质形成区域尺度上的景观生态系统，简称大运河景观生态系统。运河廊道"通过长期的能量、物质、信息的流动和循环，河域本身形成了复杂、影响广泛的生态系统，产生了自身的生态调节能力"。所以，对其作"生态修复之后仍然有可能恢复其区域生态功能"。大运河及其支流，在我市建设"生态城市"中有着其战略地位。

遗产廊道。我市重要文物古迹的分布有规律可循，主要分布在大运河及其支流沿线。例如：梁溪河畔的"仙蠡墩遗址"，是5000多年前无锡最早的大型先民聚居地，属太湖流域"崧泽文化"类型所出土的"炭化米"和渔网上的石制网坠等，表明这里应是江南鱼米乡的"源头"之一。伯渎港连接的梅村泰伯庙和鸿山泰伯墓，现为省级文保单位，这里是毋庸置疑的吴文化摇篮。惠山浜终端的惠山古镇，是多元结构传统文化重心所在，其物质的和非物质的文化类型，包括佛教文化、园林文化、泉茶文化、祠堂文化、泥人文化和街坊文化等，其中列为"国保"的有寄畅园，先后列为"省保"的有惠山寺庙园林、张中丞庙、二泉庭院、惠山古镇祠堂群和二泉书院等。大运河穿过或环抱的无锡古城区，在"直河遗址"及今存古运河沿岸和附近，列为"国保"的有薛福成故居建筑群，先后列为"省保"的有东林书院、茂新面粉厂及多处历史街区、名人故居等，"市保"单位更呈密集状态。因此，大运河无锡段及其支流是包含独特文化资源、点线结合的文化遗产廊道，作为无锡古城具有完整性的"记忆"和"年轮"，完全应该把它作为脉络清晰的总体框架，带动我市优秀文化遗产的保护和合理利用工作，这样全盘可皆活。

注意大运河"申遗"工作，通过"申遗"来促进我市的生态、人文保护和建设，落实"以人为本"的科学发展观，系我市全面协调可持续发展的明智选择。

试论古运河风光带的保护利用

（原载《无锡古运河研究》2013年第1期）

　　京杭大运河流经太湖流域的航道，常称为"江南运河"，其历史可追溯至2500多年前，即吴王夫差下令开凿、疏浚的"吴故古水道"，简称"古吴水"。它北自常州而来，在今洛社的五牧入无锡境，流经皋桥（一称高桥，在此桥之南分出锡澄运河至江阴）、双河尖、黄埠墩（向西分出寺塘泾即惠山浜至惠山古镇），在江尖（缸尖）分为环绕原无锡县城的东、西两线，即"环城运河"：东线经莲蓉桥、工运桥、亭子桥、羊腰湾，至跨塘桥；西线经永定桥、西门桥、西水墩（一名太保墩，在此汇合梁溪河，向西南流入蠡湖和太湖）、南长桥，至跨塘桥与东线合流。然后继续南行，经清名桥（该桥南侧向东分出吴地最古的运河——伯渎港，又名"泰伯渎"）、南水仙庙、钢铁桥、下甸桥等，在望亭出无锡入苏州境。20世纪中叶，为解决城区河道交通拥堵问题，在城区运河航道的西南，自黄埠墩经锡山东南麓至下甸桥，开挖了大运河在无锡市区的新航道，即"新运河"。与此相对应，原城区航道就称为"古运河"。2012年又以"无锡城区运河故道"名称列入中国大运河"申遗"段（点）。因"古运河"不再担当航运作用，从而成为无锡最具魅力的景观风光带。

"古运河风光带"是指北至钱皋路、皋桥，南至下甸桥地区，面积18.83平方公里，长度约18公里，跨越北塘、南长、崇安、新区四区。其中北至黄埠墩，南至钢铁桥，沿河景观以整治为主，打造十公里古运河风光精华带；在该精华带的北侧北尖、双河尖地区，南侧钢铁厂、下甸桥地区，南北共8公里，通过沿河地块整体改造，带动区域功能升级，被称为"功能提升段"。

综合考虑大运河（苏南运河）无锡航道段的历史沿革及自然生态、历史人文，该风光带的起讫及延伸（指通过惠山浜延伸至惠山古镇），以"绕山环城穿邑"的博大气势，整合了作为无锡西部绿色屏障的惠山、锡山，以及作为纵向贯通无锡南北通风绿廊（沿线包括已建、待完善及新建的公园有19个）的生态优势，囊括了已进入"申遗"程序的中国大运河在无锡的两大段（点）：无锡城区运河故道（即环城古运河）及所在之黄埠墩、西水墩等七个遗产点和清名桥历史文化街区（其门坊题有"运河古邑　丛桂留馨"额），以及在2012年列入调整后的我国"申遗"预备名单的惠山古镇，而这三处历史人文景观的含金量是无与伦比的；同时该风光带的南北两头又为其本身提供了富有创造力的发展空间。由此可知，这是一个具有战略前瞻性又是最大限度尊重生态环境和历史人文的"接地气"的规划，其意义在于：彰显山水名城特质，创新古今文明对话，优化宜业宜居环境，提升城市

文化品位，重振水上旅游雄风，普惠市民游客福祉。其目标
定位是，将古运河沿岸"建成文化景观长廊、生态旅游长廊
和高端服务产业长廊，打造最具特色的城市名片"。

十年回音

2014年6月22日在多哈举行的世界遗产大会上，"中国大运河"被列为世界文化遗产。该项遗产由多处典型河道及遗产点共同组成。无锡的"江南运河无锡城区段（包含黄埠墩、西水墩二处）"是其27段典型河道之一，"清名桥历史文化街区"是其58处遗产点之一。无锡的世遗河道段北起黄埠墩，在江尖分流为北东、南西两支并环绕无锡古城邑一周后，在跨塘桥附近合流，然后一路向南，穿越清名桥历史文化街区，分出伯渎港，止于下甸桥，全长14公里，也就是无锡人通常所说的"古运河"。

从时间看，距笔者2004年的建议《大运河应积极"申遗"》恰十年。从空间看，与笔者2013年《试论古运河风光带的保护利用》所述范围吻合。对于笔者所提该风光带应该"以'绕山环城穿邑'的博大气势，整合作为无锡西部绿色屏障的惠山、锡山"即惠山古镇景区的说法，亦与此后权威部门编制的相关保护传承利用规划相吻合。有鉴于此，《无锡日报》2014年6月24日所载记者崔悦的报道《申遗成功　只是起点》认为："今年71岁的沙无垢老人可能是无锡提出大运河'申遗'口号的第一人。"兹附上该报道的影印件，以飨读者。

申遗成功 只是起点

本地文史专家沙无垢认为保护开发应细思量

本报讯 22日,大运河申遗成功,万众欢庆。向上回眸10年,2004年9月12日出版的《无锡日报》B2版上,刊发了一则署名沙无垢的"读者建议"《大运河应积极"申遗"》。今年71岁的沙无垢老人可能是无锡提出大运河"申遗"口号的第一人。这篇文章认为,"大运河无锡段是包含独特文化资源、点线结合的文化遗产廊道,作为无锡古城具有完整性的'记忆'和'年轮',完全应该把它作为换热清晰的总体框架,带动我市让秀文化遗产的保护和合理利用工作。"

昨天,在沙无垢老先生的家中,他拿出当年的报纸(如图),向记者讲述自己的"申遗"梦始末。欣喜之余,沙老还有一些"心里话"要说。他应该把申遗成功作为大运河保护的新起点。申遗成功对提升遗产地及地区的地块价值、商业价值和旅游价值,都是极大的利好,但凡事都有一个"度",如果把申遗成功带

来的利好放大到不恰当的程度,又会使"利"转化为"弊",甚至是无可挽回的损失,"保护第一",是把运河歌一直唱下去的先决条件。二是让城评为世界文化遗产的"江南运河无锡精区段",引领我市"古运河风光带"建设进入更高层次。我市推出的"一城一岛一带"建设中的"一带",即古运河风光带,属于世界文化遗产保护范围的高达78%,从旅游看取,古运河风光带已具备整体打造成国内最高级别的5A级旅游景区的基本条件。三是发挥清名桥历史文化街区、黄埠墩、西水墩三大"世遗"点的辐射效应,使之成为我市打造"现代化国际滨水花园城市"总体架构的地理标志和文化制高点,向东打造至泰伯故里的"寻根之旅",向西打造至惠山的"历代名人文化遗迹之旅",向南打造至藏头渚、灵山、马山鼋头村的"太湖之旅",成为无锡旅游最为出彩的重笔。

(崔悦 图文报道)

运河无锡图纪

　　镶嵌在运河公园滨水长廊中的《运河无锡图纪》（以下简称《图纪》）汉白玉浮雕长卷，用图画这种直观形式，形象地向游人介绍了大运河畔无锡城的悠久历史人文。廊外生生不息的古运河是物质的历史长河，廊内《图纪》长卷所凝固的是非物质的历史文化长河，虽然角度不同，却共同见证着"名城无锡""运河无锡"的魅力和风采。《图纪》展示的无锡历史人文，以公元前12世纪"泰伯奔吴"为起点，以2008年无锡整治古运河为收头，上下三千多年，分为68个历史片段，也可以说成是讲了68个古今无锡故事。这里面的数字吉祥含义为：图长220多米，折合2200多分米，象征无锡自汉初建无锡县城至今已有2200多年，68个故事寓意是无锡经济社会发展六六大顺，发达兴旺。整个《图纪》长卷由无锡十几位文史专家和画家集体策划创作；汉白玉石材采自四川雅安；由福建惠安的雕刻工厂按画稿进行二度创作，精心雕刻。全图共有人物917人，房屋1086间，桥梁19座，船只217艘，植物1655棵。构图气势宏伟、疏密有致，刻画形神兼备、栩栩如生，雕镂线条娴熟、层次分明，是一项可以传之后世的文化精品工程。在汉白玉浮雕长卷的68个故事下面，又相应配上简短的文字说明，以便于图文对照。为方便读者欣赏，这里将收录的该《图纪》长卷画稿按历史片段重新分成68帧单幅。如须续成长卷，应按自右至左方向拼接。

（陶宇威　摄）

运河公园的滨水长廊为复廊，廊内以长228米的汉白玉诗画墙作为分隔：墙之临水正面浮雕《运河无锡图纪》，背面阴刻明清时邵宝等5位无锡诗人吟咏家乡的竹枝词186首

1. 泰伯奔吴

商朝武乙执政期间（公元前1107—前1113），周太王古公亶父的长子泰伯、次子仲雍，为顺随父亲传位幼子季历再传姬昌的心愿，以去衡山采药为名，离开家乡岐山，南奔荆蛮。他们入乡随俗，文身断发，示不可用。在古公亶父逝世前后，泰伯曾三次辞让周君位。孔子后来赞美这种行为道："其可谓至德也已矣！"

2. 立国梅里

泰伯以高尚的道德风范、先进的文化理念，融入土著文化。特别是他作为后稷的第十三世裔孙，把黄河流域先进的农业知识和技术，传授给荆蛮部落。泰伯还根据江南的自然条件，改当地一年一熟为一年两熟、稻麦轮作，为此得到荆蛮部落的拥戴。"荆蛮义之，从而归之千余家"。在梅里（今无锡梅村）建立句吴。

3. 开发江南

为防止商末诸侯纷争殃及句吴，泰伯率民在梅里构筑了"周三里二百步，外郭三十余里"的故吴土城，它是江南较早的城池之一，"人民皆耕田其中"。又兴修水利，相传开凿了江南第一条运河——泰伯渎，该运河今称伯渎港，长约二十四公里，河道穿越梅村，河岸上有泰伯庙，据称庙址原是泰伯的故宅，其内古井犹存。

4. 周章封侯

泰伯卒，无子，弟仲雍立，而泰伯与仲雍的侄儿姬昌后为周文王。公元前1066年，文王的儿子周武王克殷，商纣灭亡，武王为周天子。他寻找泰伯、仲雍的后裔，得仲雍的曾孙周章，周章已君吴，因而封周章为吴君。又封章子赟为安阳侯，封地在今安阳山（简称阳山）一带，亦系周朝八百诸侯之一。

5. 寿梦称王

经过吴国历代君王的不懈努力，至十九世寿梦时，"而吴始益大，称王"（公元前585—前561年寿梦在位），寿梦有诸樊、余祭、余眛、季札四个儿子，季札贤，寿梦欲立为储君，"季札让不可"，为此寿梦将王位传承，自诸樊起，由传嫡改为兄弟相传，必致国于季札而止，季札后来成为新的"让王"。

6. 季札观乐

公元前544年，被余祭封于延陵的季札奉命北上，历时三月，出使鲁、齐、郑、卫、晋等国，此行使他把握了春秋后期中国社会演进的大趋势。其间，季札在鲁国被"请观周乐"时，做精彩点评。在回程时，他又出自诚信，把他所佩宝剑挂于"徐君冢树"。这一重信守义的行为，被传为千古美谈。

7. 伍员辅君

　　余眛卒，按序应传位于季札，季札避让，公元前526年，余眛之子僚立为吴王，这引起诸樊之子公子光的不满。他把伍子胥推荐的勇士专诸收为门客，公元前515年，专诸用藏在炙鱼中的匕首刺杀吴王僚，"公子光竟立为王"，他就是吴王阖闾。伍子胥辅佐吴王阖闾、夫差在伐楚、伐越战争中，起到重要作用。

8. 阖闾筑城

　　吴国自泰伯至王僚二十三世，都城均在梅里。吴王阖闾立，即命伍子胥督建阖闾城。城址在今无锡胡埭镇闾江村一带，在有文字记载的先秦无锡古城中，唯有此城留存至今，经考证，此城很可能就是吴国在阖闾时代的一座都城，自公元前514—前496年的十九年间，在阖闾城内，上演了一部部威武雄壮的活剧。

9. 孙武演兵

　　齐人孙武以所著的《兵法》见于吴王阖闾。阖闾问孙子能否以此操练女兵。孙子回答：可。孙子将阖闾派出的宫女一百八十人分为两队，每队以阖闾的宠姬为队长。通过严肃军纪，使队伍整齐。于是阖闾知孙子能用兵，拜为将，西破强楚，北威齐晋，孙子为吴国的强盛发挥了重要作用。《孙子兵法》至今熠熠生辉。

10. 夫差开邗

　　公元前486年，吴王夫差为北上争霸，命凿河通运。该运河部分利用自然河流及湖泊，始自苏州，穿越无锡古芙蓉湖，在常州奔牛北入长江，史称"吴故古水道"，此为大运河之苏南运河前身。"先有古运河，后有无锡城"之说，留传至今，夫差又命开挖邗沟，连接长江和淮河，以便从水路向北进军。

11. 范蠡遗踪

公元前473年，越灭吴，越大夫范蠡功成身退，相传偕美人西施隐于五湖（古太湖），无锡梁溪河畔的仙蠡墩是他们的隐所之一。此时，范蠡化名渔父，结合实践撰写了世界上第一部人工养殖鲤鱼的专著《鱼经》。他为吴地百姓找到了一条致富门路，也得到了他们的谅解和尊重。范蠡后来称陶朱公，被人们尊为文财神之一。

12. 黄歇治湖

约在公元前306年，楚灭越，无锡为楚地。公元前248年，楚相春申君黄歇徙封江东，无锡在其领地范围之内。史载黄歇在无锡兴修水利，治无锡湖（古芙蓉湖），立无锡塘，并在惠山的龙山梢，修筑了龙尾陵道，道旁有"黄城"。据说今天古运河中的黄埠墩、惠山的春申涧、城中的白水荡，都与黄歇有关。

13. 始皇东巡

秦统一中国后，置会稽郡，无锡隶属之。公元前210年，始皇帝东巡会稽，经无锡。因见金陵太湖间有天子气，便下令在金陵开挖秦淮河，又在无锡锡山之西开掘秦皇坞，以挖断所谓的"龙脉"。有关记载见唐代陆羽著《惠山寺记》。秦皇坞的故址在今锡惠公园内，即1958年开凿的"映山湖"一带。

14. 汉初建城

汉高祖五年即公元前202年，始设无锡县，最初的县城为土城，在运河、梁溪之间。设子城与罗城：子城周长二里十九步，罗城周长十一里一百二十八步。东为熙春门，南为阳春门，西为梁溪门，北为莲蓉门，门皆有屋。奠定了无锡城与运河的不解之缘。后城址扩大，运河穿城，其龟背形城池格局保留至今。

15. 虞俊殉国

公元一世纪初，外戚王莽篡权，西汉王室，风雨飘摇。王莽胁迫丞相司直、无锡人虞俊从逆。虞俊遁归故里不成，仰天叹：吾汉人也，愿为汉鬼，不能事两姓。饮药殉国，归葬五里湖畔宝界山。东汉光武帝刘秀即位，以朱衣覆盖虞墓，以表彰其忠贞报国的高风亮节。"朱衣宝界"成为无锡早期名胜之一。

16. 锡山传说

据唐代陆羽《惠山寺记》载，无锡锡山在东汉时"有樵客于山下得铭云：有锡兵，天下争。无锡宁，天下清。有锡沴，天下弊。无锡乂，天下济"。陆羽的这则记载，后来被历朝的无锡县志多次转引。"无锡锡山山无锡"这句谚语，也得到广泛流传。锡山由此被视作和平吉祥的象征，成了无锡的主山。

17. 陈勋导溪

东吴赤乌八年即公元245年，典农校尉陈勋疏导五里湖与太湖之间的长广溪，"水深三尺"，顺畅其流。据元《无锡志》载："今溪由梁溪西南而下，从扬名乡南至开化乡，水分为二道：其南出吴塘门；其北至扬名乡，由五里湖出独山门，并入太湖。溉田百余顷，大旱不竭。"成为无锡西南乡的水利枢纽。

18. 画圣虎头

顾恺之，生于348年，卒于409年。东晋大画家，字长康，小字虎头，无锡人。博学多才艺，工诗赋书画，尤精绘画，并立"以形写神"画论，人称"才绝、画绝、痴绝"。在建康瓦棺寺绘《维摩诘像》，画成点睛，轰动一时。义熙中，官至散骑常侍，人称虎头将军。有《女史箴图》《洛神赋图》等传世。

19. 舍宅建寺

刘宋景平元年（423），司徒右长史湛挺以其别墅"历山草堂"舍为僧舍，名华山精舍，此即惠山寺前身。一百多年后，无锡南门外建护国寺，后改名南禅寺。两寺均为南朝四百八十寺之一，留下了众多古迹，如惠山寺的唐宋石经幢、宋代金莲桥、明代日月池，以及南禅寺内由宋徽宗御题的妙光塔等，为古运河生辉。

20. 疏浚梁溪

梁大同年间（535—546），拓浚无锡城至五里湖原"极狭"之古溪，故名梁溪（一说因东汉梁鸿偕妻孟光曾在此隐居而得名）。该溪"源发于惠山之泉，入溪为南北流"，经拓浚后，梁溪成为无锡城河、运河、五里湖、太湖之间的水利枢纽，被誉为无锡的"母亲河"。由此梁溪与锡山一样，成为无锡的别称。

21. 江南运河

隋大业六年（610），敕开江南运河，自京口（今镇江）经无锡至余杭，水面宽十余丈，可以通七百石舟。"商旅往返，船乘不绝"，元至元二十六年（1289），完成了山东会通河的开凿，从此我国大运河从元大都即今北京向南，跨长江接通江南运河直达杭州。大运河对促进无锡社会经济发展的作用日益巨大。

22. 莲蓉桥头

唐贞观三年（629），于城北莲蓉门附近之大运河上，建莲蓉桥，俗称大桥，后来，莲蓉桥、亭子桥和清名桥并称无锡三大高桥。特别是莲蓉桥的桥堍一带逐渐形成名为"大市口"的繁华闹市，无锡米市、布码头、丝市和钱码头的兴起和发展，在此都能找到踪迹，堪称无锡城最早的"中心商务区"。

23. 修建堰闸

有文献记载，公元八世纪初及中叶，在无锡城南束带河及望亭，分别置堰闸，调节运河水位，利于通航，惠及农桑，这也是运河设置堰闸最早的文字记载。到了北宋元祐六年（1091），又置莲蓉闸、斗门闸，以调节芙蓉湖水。这些早期的无锡水利工程，使水与无锡城乡百姓生产、生活的关系更加息息相关。

24. 陆羽品泉

唐大历十二年即公元777年，无锡升格为望县。就在这段时间，县令敬澄在惠山寺附近开凿了惠山泉，因"茶神"陆羽对其水质所做评价，又名天下第二泉。二泉既是流传千年之久的无锡最重要的名胜之一，又是见证盛唐无锡之社会经济全面发展的里程碑。后人还把二泉流向大运河的泉水，视为二泉正脉。

25. 李绅吟诗

中唐时，无锡出了位与白居易、元稹齐名的大诗人李绅（772—846），其成名作《悯农》，千古流芳，妇孺皆知。李绅在元和元年即806年中进士，是无锡历史上五百多位文科进士中的第一位。唐武宗继位后，李绅历官尚书右仆射门下侍郎，成为古代五位无锡籍宰相中的第一个入阁拜相者。

26. 创建学堂

宋时，无锡县城面积较汉时有所扩大，虽然运河河址未变，但成为"穿城而过"的格局。庆历四年即1044年，无锡奉诏建县学。嘉祐三年即1058年，知县张诜创建学宫于运河的支流束带河畔（今学前街）。内有文宣王殿及大门、讲堂、先生之室、诸生之舍等。为振兴无锡文风，培养人才起到重要作用。

27. 苏轼咏泉

北宋熙宁六年（1073）的岁末，大诗人苏东坡至无锡访惠山钱道人。他携来皇帝赏赐的贡茶"小龙团"，以二泉水煮茶品茗，并登惠山之巅，遥赏太湖水景，写下了"独携天上小团月，来试人间第二泉；石路萦回九龙脊，水光翻动五湖天"等名句。数十年后，二泉水成为朝廷贡品，通过大运河运往京师。

28. 引湖济运

熙宁八年即1075年，天大旱，运河涸。无锡知县焦千之率民在将军堰（今显应桥附近）架设四十二部龙骨水车，戽水五昼夜，通过梁溪引来五里湖、太湖之水，运河水位上升，恢复通航，农田受益，岁以不饥。焦千之，字伯强，北宋名臣欧阳修的学生，有名于时。苏轼来锡时，与之交往，交谊甚厚，相互有诗唱答。

29. 龟山讲学

在北宋政和元年至南宋建炎二年（1111—1128）期间，北宋理学名家程颢、程颐的四大弟子之一杨时（晚年号龟山先生）寓居常州时，曾来锡讲学，因其讲学之处环境清幽，宛若庐山的东林寺，故名"东林书院"。该书院是当时江南一带著名的民办书院之一，也是无锡人文荟萃的一个里程碑。

30. 李纲抗金

李纲（1083—1140），字伯纪，别号梁溪先生，生于无锡。北宋末，金兵南侵，李纲力主坚守东京开封，率众击退金兵，取得胜利。南宋初，他一度为相，担任尚书右仆射。此后虽仕途坎坷，但忠贞爱国之心不渝，绍兴九年（1139）辞职回到家乡无锡，第二年因病逝世。有《梁溪先生全集》传世。

31. 尤袤藏书

在南宋四大家中，尤袤（1127—1194）是无锡人，他历官礼部尚书，所作诗歌饱含忧国忧民之情，诗风则平易自然，晓畅清新。他还是藏书家，并抄书藏书万卷。晚年将所收图书藏于其梁溪河畔"乐溪居"的万卷楼内。根据藏书所编《遂初堂书目》是我国最早的版本目录，在学界有很高地位。

32. 状元及第

南宋嘉定十六年，即1223年，胡埭人蒋重珍（字良贵）殿试状元及第。宝庆三年即1227年返里养病，在家乡今胡埭镇蔡村筑一梅堂、万竹亭等（故址内"状元井"尚存）。后召为刑部侍郎。蒋重珍是无锡历史上五名状元中第一个蟾宫折桂者，所遗太湖边雪浪山"蒋子阁"是无锡重要的名胜，至今游人不绝。

33. 碧水丹心

南宋德祐元年即1275年，抗元将领文天祥部将尹玉、麻士龙为抵御伯颜所率元军，血战五牧（无锡洛社境内之大运河畔），壮烈殉国。第二年，文天祥被元军羁押北上，夜宿大运河中的小岛"黄埠墩"，写下《过无锡》诗一首，"夜读程婴存赵事，一回惆怅一沾巾"。悲壮的吟咏，动人心弦，催人泪下。

34. 天下粮仓

无锡米市，肇始于元代之"置仓无锡州，以便海漕"，这个大粮仓名"亿丰仓"，库址在大运河无锡城中航道东岸，以贮存无锡、宜兴、溧阳的漕粮，库容量高达四十七万八百五十石。清雍正年间，析无锡为无锡、金匮两县，就亿丰仓旧址建金匮县衙。无锡光复后，为锡金军政分府驻地，遗迹今存。

35. 云林山水

元代大画家倪瓒（1301—1374），号云林子，无锡东亭人。性诙谐，善诗书，尤善山水。画作多取材太湖一带景色，好作疏林坡岸、浅水遥岑之境，意境幽淡萧瑟；画竹逸笔草草，聊写胸中逸气，为中国文人水墨山水画的一代宗师。倪瓒多幅存世作品，分藏于海内外。

36. 王绂画竹

王绂（1362—1416），字孟端，号友石生，别号九龙山人等，明初大画家，无锡人。青年时因事所累，谪戍山西十余年，返里后，寓居惠山寺。永乐初，以善书被荐，官中书舍人，参与编纂《永乐大典》。工山水，风格郁苍，亦作平远景，尤善墨竹，笔势纵横洒落。并有诗集《友石山房集》等传世。

37. 南门窑群

　　明初，无锡南门外大运河东岸之伯渎河口一带，耸起不少砖瓦窑，曾参与烧制南京城砖，并尊刘伯温为窑业祖师爷。明嘉靖间，窑户们曾组织窑兵，抗击倭寇。南门窑业持续至清朝及民国时，长达近六百年。全盛时从业人员万余人，年产砖瓦八百万块以上，名闻大江南北。俗谓：半个无锡城是这里烧造出来的。

38. 蓉湖圩田

　　北宋时，芙蓉湖已有部分湖域被围垦。至明宣德年间（1426—1435），江南巡抚周忱对芙蓉湖大规模围垦，造田近十二万亩。这些圩田分东西两处，西面芙蓉圩有田七万余亩，属无锡县者二万余亩；东面的杨家圩有田四点七万亩，全在无锡县境内。芙蓉湖由此缩小为河流，其中部分成为大运河的航道。

39. 环城运河

　　明中叶开始，无锡社会经济更趋繁荣。大运河内舟楫频繁，穿城的运河两岸，尽是枕河人家。城中直河作为大运河主航道已不堪重负。故官府明令将无锡城东之外濠河与城西护城河（原系梁溪一部分）辟作为大运河航道。大运河在无锡环城、穿城而过，其中环城运河历五百年之风雨沧桑，今名"古运河"。

40. 土布码头

　　明弘治年间（1488—1505），北门莲蓉桥南，形成商贩云集的土布交易码头，"一岁交易不下数十万"，明末一度衰落，清乾隆中期得到恢复和发展，其盛况持续至清末，年交易量达到七百至一千万匹。当时无锡乡村织户的木机达四点五万台，耗棉占全国的百分之六点七。直到无锡近代纺织业崛起，方画上句号。

41. 活字印刷

印刷术是中国古代四大发明之一。至明中叶，无锡铜活字印刷遐迩闻名。在弘治三年至十三年（1490—1500），荡口华燧的会通馆用铜活字印成《宋诸臣奏议》等八种书籍。自嘉靖二年（1523）始，安镇安国的桂坡馆又用铜活字印刷了《颜鲁公集》等大量书籍。两馆所印书籍留传至今的都是稀世珍品。

42. 秦氏构园

明正德中，秦金购得惠山寺沤寓房，于嘉靖六年（1527），构筑别墅园林"凤谷行窝"。再传至秦燿，在万历时改筑为寄畅园。该园倚山临流，巧于因借，延山引泉，浑合自然，建筑疏朗，大树参天，苍凉廓落，古朴清幽。以精湛的造园艺术，独树中国江南山麓别墅园林一帜（滨水长廊内有按实景移植的寄畅园"清响"门洞）。

43. 抗击倭寇

　　明嘉靖三十三年即1554年，倭寇犯境。新上任的无锡知县王其勤率众把县城由土城改筑成砖城。登城固守，无锡得以保全。王其勤又改无锡城门之名：东为靖海门，南为望湖门，西为试泉门，北为控江门。清康熙时，无锡百姓在南门外大运河畔为王其勤建南水仙庙，附祀抗倭牺牲的何五路等三十六义士。

44. 锡山造塔

　　明万历二年即1574年，为振兴无锡文风，邑人捐资在锡山之巅，建了一座楼阁式八角七层的砖塔。该年无锡人孙继皋状元及第，他是无锡所出的第二位状元。常州太守施观民是孙继皋的恩师，特为该塔书额"龙光塔"。该塔勾勒了无锡山水间优美的天际轮廓线，也是这座千年古城最富文化特色的标志建筑。

45. 东林书院

　　明万历三十二年即1604年，曾任吏部文选司郎中的顾宪成和高攀龙等人，于无锡东门原北宋杨时讲学处，重建东林书院。他们立有会约宗旨，定期会讲。在讲习之余又讽议朝政，裁量人物，影响遍及朝野，成为当时社会舆论中心。后遭阉党魏忠贤残酷迫害，书院被拆毁。崇祯即位，冤案昭雪，东林书院得以恢复。

46. 刘公筑塘

　　明天启二年即1622年，知县刘五纬修筑北塘鹅子岸，人称刘公塘。又修芙蓉湖堤，分置堰闸，分立小圩，互防水患。据说刘五纬还是一位断案如神的清官，卓有政声。后来百姓尊刘五纬为水仙，建庙于西门附近之西水墩。而黄埠墩与西水墩都是大运河无锡航道的风水墩，被分别尊为"天关"和"地轴"。

47. 康乾南巡

自清康熙二十三年至乾隆四十九年（1684—1784）的一百年间，康熙、乾隆两帝各六次南巡，他们的船队沿着大运河顺流而下，每次均驻跸无锡。他们一般将御舟停泊在黄埠墩，换乘小船或骑马、坐轿去惠山游览，留下大量诗作、翰墨和脍炙人口的传说故事。"康乾盛世"时的无锡，名噪大江南北。

48. 船厂冶坊

无锡传统的造船、冶铸等手工业始于明代中叶，至清初已有一定规模。清乾隆二十四年即1759年，官府征召无锡杨、蒋、尤、徐、邵五姓十三位造船匠师打造战船，传说他们还为此获得朝廷"龙批"的造船专利权。清道光十七年即1837年，王源吉冶坊脱颖而出，所产"双吉"牌铁锅，畅销大江南北。

49. 黄鹄轮船

清同治元年即1862年，无锡籍科学家徐寿、徐建寅父子与数学家华蘅芳奉曾国藩之命，成功建造了中国第一艘轮船。后又造出一条长约十八米、载重二十五吨、时速二十八华里的新船。"推求动理，测算汽机，蘅芳之力为多；造器置机皆出寿手制"，徐建寅则"屡出奇思以佐之"。该船由曾纪泽取名为"黄鹄号"。

50. 米市复苏

因太平军与清军在锡交战而严重受挫的无锡米市，在同治五年即1866年全面复苏。至光绪九年即1883年更发展为运河沿线之三里桥、北塘、黄泥桥、北栅口、伯渎港、南上塘、黄泥垲、西塘等八段米市。光绪十四年，清政府命江浙一带的南方漕运集中无锡办理，加之上海辟为商埠，无锡米市进入全盛时期。

51. 钦使府第

薛福成（1838—1894），字叔耘，号庸盫，无锡人。中国近代著名的爱国思想家、外交家和早期维新派代表人物。清光绪十六年（1890），奉旨出使欧洲英、法、意、比四国，至光绪二十年任期结束回国。薛福成故居在无锡西水关，有房屋一百四十余间，占地一点二万平方米，名"钦使第"，俗称薛家花园。

52. 江南风韵

清光绪八年即1882年，无锡羊尖滩簧艺人朱宝姑娘与徐阿八同台演出，此为锡剧之始。1917年，上海"大世界"开业，锡剧艺人袁仁仪登台献艺，锡剧进入大上海。瞎子阿炳曾与袁仁仪切磋二胡琴艺，其创作的《二泉映月》享誉世界。在清末民初，惠山泥人进入鼎盛期，锡绣、江南竹刻也崭露头角。

53. 新学勃兴

　　清光绪二十四年即1898年，杨模等创办的竢实学堂正式开学，聘华蘅芳为总教习，此为无锡创办最早的私立新式学堂。光绪二十八年，胡氏父子创办师范传习所，为无锡师范教育之始。光绪三十一年，侯鸿鉴创办了无锡第一个女校——无锡私立竞志女学，1920年12月创办的无锡国学专修馆，是无锡第一座大学。

54. 近代工业

　　清光绪二十一年即1895年，杨宗濂、杨宗瀚兄弟创办业勤纱厂；1900年，荣宗敬、荣德生兄弟创办茂新面粉厂；1904年，周舜卿创办裕昌丝厂。它们分别是无锡始建最早的近代棉纺厂、面粉厂和缫丝厂。至1936年，无锡有三百一十五家工厂，六万余名产业工人，工业总产值居全国第三，为中国近代民族工业发祥地之一。

55. 钱丝公所

清光绪二十五年即1899年，无锡钱业、丝业两个同业公会在莲蓉桥东侧的前竹场巷中段，共建钱丝两业公所。公所原建筑为三开间四进的两层楼房。锡金商会创办初期，在此借房办公。在此前后，这里逐渐发展为无锡土丝交易（丝市）的三大集中地之一，又汇聚了多家钱庄、银行，号称无锡的"小华尔街"。

56. 商会成立

清光绪三十一年即1905年6月，锡金商务分会成立，由周舜卿任首任会长，商会借用竹场巷锡金钱丝两业公所办公。1912年，锡金商务分会改称无锡县商会。1915年于汉昌路建两幢仿西式楼房为商会会址。1929年，无锡举办国货展览会，盛况空前。商会的成立，促使近代无锡商业日趋繁荣。

57. 水陆交通

清光绪三十二年即1906年，沪宁铁路在无锡设火车站，此后，邑人捐资建通运桥（工运桥前身），又辟光复门，以方便行人。在此前后，招商局等轮船公司在工运桥一带设立码头，1928年至1935年，火车站东西两侧，建起锡澄、锡宜、锡沪、锡苏等长途汽车站。无锡"北大门"交通枢纽初见端倪。

58. 近代园林

清光绪三十二年（1906），邑人在城中心建立了中国第一座由国人创办的面向公众的公益性园林，即公花园开放。1912年，荣德生在西郊建梅园，以私园向公众开放。在二十世纪二三十年代，太湖、蠡湖之滨又建起横云山庄（鼋头渚公园前身）、太湖别墅、陈园、郑园、蠡园、渔庄等一批近代园林，装点湖山，恰似画图。

59. 锡金光复

　　清雍正时，析无锡为无锡、金匮两县，两县以穿城而过的古运河（今中山路）为界，同城而治。清宣统三年即1911年9月6日，秦毓鎏等响应武昌起义，指挥义军攻克两县的县衙，无锡光复。随即设立锡金军政分府，统一管理两县政务。1921年1月1日，孙中山乘专列由沪赴宁，无锡官民在车站列队迎送。

60. 抗日救亡

　　1931年"九一八"事变后，无锡掀起抗日救亡热潮。1935年8月，王昆仑等二十余人举行"万方楼会议"讨论开展抗日救亡运动。1937年11月25日日军侵占无锡，爱国军民在敌后开展武装斗争。1945年8月15日，日军无条件投降。为此，无锡老北门（控江门）改称胜利门，又在公花园立抗战胜利纪念碑。

61. 无锡解放

　　1949年4月23日深夜，解放军第二十九军先头部队从光复门入城，无锡解放。翌日天刚亮，二十九军大部队从胜利门入城，无锡人民举行盛大游行，欢迎解放军。是年10月1日，苏南区暨无锡市热烈庆祝中华人民共和国诞生。2日，无锡市各界代表一千五百多人举行庆祝大会，在公花园举行升国旗仪式。

62. 江南春绿

　　1956年，无锡县东亭乡创办春雷造船厂，中国农村社队工业响起了第一声春雷，揭开了中国特色工业化道路新篇章。在经过二十多年风雨历程后，党的十一届三中全会春风化雨，无锡乡镇企业又率先发展，异军突起，历经市场开拓、科技创新、产权制度变革，推动了市场化改革进程，成为"苏南模式"的典范。

63. 雄风再起

二十世纪六七十年代，无锡经济在曲折中发展。在城市大力发展地方工业和市场紧俏产品，如无锡机床厂生产的精密磨床迭获殊荣。无锡又先后投资新建汽车制造厂、电视机厂、硫酸厂等重点企业。电影胶片、显像管、电视机、照相机、电力电容、塑料彩印、手表、合成纤维等重点产品相继形成一定生产能力。

64. 江南先声

1983年9月，无锡建立了江苏省第一家中外合资企业"江海木业公司"，标志着对外开放的起步。企业间则开展横向经济联合，又对计划、财税、金融、价格、物资、劳动工资、外贸体制进行初步改革，培育和发展各种生产要素市场，陆续建起物贸中心，以及钢材、化工轻工原料、木材建材等生产资料市场。

65. 新区腾飞

　　1992年，国务院批准设立无锡国家高新技术产业开发区，实施经济国际化战略。近年来，无锡新区围绕建设"创新型国际化科技新城"目标，致力自主创新，科技创新，实施功能片区开发和"三创"载体建设，大力引进高层次人才，积极推进高新技术产业和高端服务业发展，其产业结构、集约程度、经济实力、科技水平、社会贡献等指标始终位居全国、全省开发区前列，为全市经济的转型升级发挥了先导和引领作用。

66. 名城建设

　　以城市文脉源远流长著称的无锡，跨入二十一世纪以来，高扬建设文化名城的风标，深入挖掘人文内涵，形成大遗址保护的"无锡模式"：在文物古迹、工业遗产、历史街区、非物质文化遗产保护等方面，都取得了丰硕成果；还相继建成一批文博设施。2007年9月15日，国务院公布无锡为国家历史文化名城。

67. 碧水新曲

地处江南水乡的无锡，十分注重人水和谐。为改善京杭大运河通航条件，自1958年至1983年，全长十一多公里的新运河全程贯通。二十一世纪初，蠡湖、梁溪相继实施水环境综合整治，蠡湖面积从六点四平方公里恢复至九点一平方公里，水质明显改善，能见度升至八十厘米，三十八公里岸线建成优美园林群。

68. 古运重辉

2004年，无锡市城市投资发展总公司根据市委、市府要求，开始实施以河道清淤为契机的古运河风光带综合整治，两年后又启动运河公园建设。2008年9月8日，北京奥运会开幕后，萨马兰奇、何振梁相会于园内"何振梁与奥林匹克陈列馆"，传为体坛佳话。在此前后，古运河环城段及清名桥、惠山历史街区的保护整治工程全面启动。千年古运河将以其波光粼粼的清流，迎来新的辉煌。

《运河无锡图纪》跋

俗谓先有古运河，后有无锡城。然人水和谐、城水交融，何论先后而互为因果。复念自泰伯开渎以还，悠悠三千两百年之间，邑之名山胜水，钟灵毓秀；淳朴乡风，勤而不怨；先辈贤哲，睿智包容。固可以垂式范而励来兹。则锡邑今日之繁荣昌明，自有其脉源之流长；本固枝荣，当能历沧桑而不凋。己丑之春，市委、市政府决定成立环城古运河风貌带综合整治领导小组，周解清任组长，吴建选任副组长，运河公园建设提速。园之人文重笔《运河无锡图纪》（以下简称《图纪》）亦开始创作。董其事者——无锡市城发集团暨城投总公司。至秋，公园将竣，按《图纪》所刻之汉白玉浮雕长卷刻成。综观该《图纪》以高为1.5米、长达220余米之恢宏气势，曲折萦绕于古运河之滨水长廊。图之所记，自公元前12世纪以迄2008年，将运河无锡在此期间所发生之重大事件及历史名人，分绘成68个片段，合成通景式长卷。思路缜密，选题确当，画艺娴熟，雕镂精妙。当属好看有益、养眼养心之艺术杰作。而《图纪》长卷行将完成之日，欣逢新中国成立六十周年大庆，抚今追昔，爰为之跋。

兹附《图纪》制作单位及主创人员名单于后：

制　作：无锡市城市发展集团公司暨
　　　　无锡市城市投资发展总公司
策　划：沙无垢　夏刚草　任　睿
撰　稿：沙无垢　汤可可
绘　图：龚东明　一至四及六十七、六十八图
　　　　金家翔　五至十二图
　　　　唐鼎华　十三至十七图
　　　　鲁金林　十八至二十三图
　　　　顾青蛟　二十四至三十图
　　　　许惠南　三十一至三十五图
　　　　陈德华　三十六至四十二图
　　　　沈秋芳　四十三至四十九图
　　　　梁　元　五十至五十七图
　　　　钱剑华、沈秋芳合作　五十八至六十六图
刻　石：福州捷缘建材有限公司
　　　　福建惠安宏昇园林石雕有限公司

运河公园绿植规划

　　环城古运河风貌带区别于一般公共绿地的特殊性，在于其中蕴含着丰厚的历史文化内涵。看似绿化，实是文化，或至少是绿化与文化的结合。故在洵美的景色中，叠加着发人遐想和回味的空间，不仅好看，而且耐看，这就是它的魅力之所在，从而提升了它的审美价值、欣赏价值和文化品位。该风貌带大体可分成环城运河和运河公园两大部分（已建江尖公园和宏仁苑不在本《规划》范围），它们既有上述共性，又有各自个性。环城运河部分的绿植，是"诗路画语"与"有生命的立体壁画"的融洽有情；运河公园部分的绿植，是"20世纪工业遗产保护"和"21世纪新园林建设"的相互过渡、契合和融会贯通。下面所说是后一部分。

　　运河公园之造园基地，在清中期以前是已围垦数百年的一片农田，可能里面还有一点村舍。到了近代，则是众多堆栈和粮食加工业的集中地，以就近为米市服务。据1936年资料，在蓉湖庄和丁港里即今运河公园基地内，仅堆栈就有益源、锡丰、生和、牲康、复成、新增益、增益、仁昌、元益、福源、中国二栈、成泰、福康成、达源等14家，仓储容量合计达116万石（糙米每石75公斤、黄豆每石65公斤）。因此，创办于清光绪十五年（1889）的"储业公所"（现状尚可）就设在该范围内。中华人民共和国成立后，在20世纪50年代实行粮、棉、油统购统销，米市消失。该处除保留若干以堆栈改建的粮库和粮食加工企业外，其余原堆栈用地多数被改成其他工厂企业用地。这里所说的20世纪工业遗产保护即指此。由于这些保存下来的厂房建筑原分属各家，布局分散、错杂、无序，单体又失之过大、过长、过高，外形也过于平直、呆板、单调。前几年公园规划保留的3条小河浜及新建的中轴主干道，都是直线形的，缺少传统园林曲径通幽的意趣。所有这些与园林风貌格格不入的地形、地貌、地面建筑，已成为这次新园林建设无法回避却不得不逾越的难题。

有鉴于此，本绿植设计总的思路是：通过因地制宜的绿植，最大限度地扬大环境远山近水之长，避基地内俗景纷扰之短。即以起掩映、软化、融合作用的规模化、自然式组团绿化，打破原存建筑的平直、僵硬之感，并在林间让出幽曲宁静的休憩空间；同时按使用功能整合建筑组团，其内营构典雅优美的江南水景庭院，优化园容园貌，提升文化品位；再可通过植物之中国传统寓意，结合西洋"花语"以演绎、诠释重要景观、景物之深刻内涵。

一、西侧林带

运河公园西侧，紧靠蓉湖大桥。桥虽雄，但车水马龙的流量和钢筋混凝土的桥身（包括非机动车引桥），对公园游人所造成的听觉和视觉的负面影响不容忽视。更有甚者，该桥阻隔了公园与无锡西部屏障即锡山、惠山的联系，难免造成山水缺憾。那么，这种局面用什么法子来化解呢？

江南之山，类多平冈小坂，土层深厚者，则浅林入画，自成气象。运河公园宜在西侧堆土冈、植林木，正是于此悟得的消息。再讲水，这水要讲究流向，清康熙朝所编《古今图书集成·艺术典》第675卷"堪舆部"认为"左有流水""右有长道"之处"为最贵地"。而通过上述地形改造后的运河公园，西以锡山、惠山为靠山，东以古运河码头为水上门户（借用杜甫诗意"门泊东吴万里船"），令园向坐西朝东，由此北为左、南为右——左有新运河款款而流，右有春申道长驱而进，故此园是否为"贵地"，无言自明。又按《规划》，运河公园的左位是柔性的"软地标"大型喷泉；园之右位系山林、山池景观风啸山林，恰逢其盛。运河公园山水的大形势、大格局，由此奠定矣。

在中国的传统文化中，山水审美与园林意匠同本同源。故从造园角度看，运河公园营造在人工岗阜上的西侧林带，既摒挡了蓉湖大桥的尘嚣，又成为远借锡山、惠山的中间层次；进而把岗阜视作真山的余脉，并通过它的过渡，把真山"引入"园中（站在园子中间部位可得此境界）。至于所植树种，似以常绿针叶乔木及阔叶乔木较为适宜。栽植方式为块状混交，使林冠与季相富于变化。林带东缘要有进有退，灌丛、草坪顺坡而下，形成若干个内凹的休憩空间。每个小空间的植物群落设计，品种上要一花为主，使之成为若干个以中国名花命名的"花坞"，以对应惠山九峰九坞；形式上则聚散有致。整体芳草鲜美、草木华滋，呈现出一种灵性飞动的生命境界。这种做法在公园其他合适地段，也可灵活运用。（1990年版《中国花经》所录中国十大名花为：梅花、牡丹、菊花、兰花、月季、杜鹃花、山茶花、荷花、桂花、水仙花。）

二、南侧林带

园林之美，和而不同。故运河公园南侧林带虽与"西林"相接，但设计手法有别。该林带南与植有香樟树的江尖大桥引坡相邻，北近拟开挖的"芙蓉池"。从地形高差看，此处以因地制宜堆叠"石包土"假山较为合适，以便南与大桥绿化相融，北与芙蓉池共同构成山池景色。这种做法，与寄畅园案墩假山、鹤步滩、锦汇漪的做法差可似之，以多少体现水石交融之景象。诚如明计成《园冶》所云："池上理山，园中第一胜也。若大若小（指假山有大有小），更有妙境。"然个中要旨，以臻于"虽由人作，宛自天开"的境界为最高目标。亦即所理山水要接近自然，又悉符画本。"山"上所植，除香樟外，要考虑多选用榉、榆、朴等乡土树种。我国著名造园学家陈从周教授《说园》曾言："我总觉得一地方的园林应该有那个地方的植物特色，并且土生土长的树木存活率高，成长得快，几年可茂然成林。"其言鞭辟入里，对我们应该有所启发。

三、北侧水滨

运河公园北临新运河与古运河交汇处，水面开阔，舟楫频繁，又与著名古迹黄埠墩隔水相望。斯情斯景，无不令人抚今追昔，遥想起《三国演义》的开场词："白发渔樵江渚上，惯看秋月春风，一壶浊酒喜相逢。古今多少事，都付笑谈中。"故此处绿化，宜乎率性天然，只须做好水畔原有大树的养护即可。当然树下过于杂乱处，也要做些整理工作，局部点石，再在濒水处植芦苇若干丛，增其苍凉感，以发人遐想。这里绿化的灯光工程，应与喷泉做一体考虑，要突出喷泉，不要喧宾夺主。

四、东侧水滨

此地是运河公园出彩处，有曲廊临水，长虹卧波（指水利枢纽工程），廊中的浮雕、诗碑，又可圈可点。故其绿植，在廊前的强调景到随机，精而合宜。亦即平常所言之不求数量，但求质量，要旨为于不经意处见精神。其效果应是：香樟凝翠，掩曲廊而觉深邃；枫叶染丹，映秋水尤胜春花。而廊后所植，绿云参天又宛若画意。夜色降临时，廊中灯火阑珊，廊外火树银花，倒映水中，流光溢彩，廊中人如云中仙子，游船过处，说白了就是一幅美丽的图画。

在该东侧水滨及前述北侧水滨的林间高处，还可三五成群地种些木芙蓉，一来为"蓉湖溯源"做些拓展（芙蓉湖因水芙蓉即荷花而得名），二来可与濒水的"芦花飞白"编织起烂漫的秋色。

五、内河内池

"无锡，充满温情和水"。无锡人也特别会在水边搞绿化，其成功经验之一，便是在临水处大量种植蔷薇科或木兰科的观花乔木，如樱花、海棠（西府海棠与木瓜海棠）、桃花、杏花、白玉兰、二乔玉兰、广玉兰等等，"满园深浅色，照在绿波中"。即使到了落英缤纷时节，"红雨随心翻作浪"，谁说不美？故这种做法，在运河公园的锡丰浜、生和浜、李家浜及芙蓉池畔，都可以因地制宜加以推广。当然其前提是园内水位已得到有效控制，同时也要考虑花木与建筑的相互匹配。

六、游览干道

运河公园的游览主干道，位于园子中间，这可能与"20世纪工业遗产保护"有关。如以此观之，则并无不当。但问题是已做硬质路面过直过宽，游公园类似逛大马路，就有失偏颇，谓之不得体。其补救方法，在于高树广荫、一径通幽，藤萝花架、小憩随意。前者指路边的行道栽植要与其旁的树群、河流、石桥、花丛、草坪相互渗透，流水微波，花滋馥郁，以求万千变化之象。至于后者，颇以为在适当地段都叮以灵活运用，如若能注意与终端之景相互结合，览之有物，当能生色不少。

以上六点讲"条"，下面三点讲"块"。但公园植栽是个整体，所谓条块仅仅是为了叙述方便。实际效果应该是条块之间相互交融、不分你我。

一、园基A区

A区在生和浜之北。区内所保留的工业建筑高大密集，在北端拟建大型喷泉。全区建（构）筑物分为4个组团：

1. 文化组团 由20多米高的工业遗产——圆筒形粮仓、五层楼的书画博物馆和大体量的无锡合唱基地等3幢（组）间距很小的高大建筑组成，其旁又规划大面积的铺装硬地。其后果是极易形成"热岛"效应。故建议此处的植栽以最大限度提高"绿量"为上策，包括根据墙面朝向选择喜阳或耐阴的攀缘植物做大面积垂直绿化。以期在缓解热辐射的同时，增加建筑的岁月沧桑之感。

2. 体育组团 以"何振梁与奥林匹克陈列馆"为核心，包括馆旁的奥林匹克广场（运动场）。此处植栽应结合场地的使用功能，形成以落叶阔叶乔木为主的浓郁林荫，周边适当考虑宛转自如的整形灌木和花带。务必在规整中求变化，在变化中求韵律，体现"力"与"美"，以获致较为理想的艺术效果。

3. 商业组团 由4幢不规则排列的两层楼房组成，楼与楼之间则缺乏明晰的导向性。故现状既不利于商业经营，又不利于绿植构图。建议以联廊、空中廊、花架廊沟通这4幢楼房，以便在楼与廊之间随宜布置由树、石、花、草及流泉、石潭组合而成的内庭。其周边则结合道路、广场以群植、丛植或孤立木方式，对其他建筑组团起过渡、联络作用。

4. 大型喷泉 简言之，花坛之中植栽牡丹、芍药（闭花期以花草补充），蹬道之旁栽植同规格的整形乔木，周边融入林带、树群。

二、园基B区

在生和浜与李家浜之间，原为第一米厂厂址，基地内保留有3幢房屋，拟建玻璃房为青少年活动中心。兹分述如下：

1. 滴水斋 洁净的素斋馆。宜修竹文石，宜琪花瑶草，香盈客袖，自成佳趣。而沿河所栽，历历倒影，一如前之所述。

2. 陈列馆 该建筑原议作文化陈列之用，姑且名之。其东与水利枢纽工程相邻，其西则为玻璃房。宜前后庭院，以简洁出之。

3. 玻璃房 在游览主干道之旁，拟左右绿树环抱，其前浅草如茵。何妨花团锦簇，盘桓有景；最宜草坪坐卧，幽静无限。

4. 办公楼 围遮竹树，参差掩映，隐其匠气，还我自然。

三、园基C区

在李家浜之南，止于江尖大桥引桥、引坡。C区是全园面积最大的小区，对于提高全园的绿地率和绿化覆盖率起关键作用。有民乐馆、健身馆、高级会馆、储业公所等四个组团：

1. 民乐馆 在C区东北部。其正立面（南立面）务必结合使用功能做艺术改造，丰富其立面形象。周边植栽以烘托气氛为主，兼作与高级会所已建辅房之分隔与过渡。

2. 健身房 该建筑在西侧林带内。其西立面之前，不妨居中建雨棚（无锡近代园林多有此做法，如梅园的"乐农别墅"、鼋头渚的"七十二峰山馆"等都是佳例），以甬道与城市道路相接。这样，该房就可兼作公园的又一个人行出入口，或作为独立建筑空间安排经营活动。

3. 芙蓉池馆 主楼妙在四面环水（芙蓉池），其景观建设（包括绿植），不妨借鉴陈从周《说园》中的一段论述："宾馆之作，在于栖息小休，宜着眼于周围有幽静之境，能信步盘桓，游目骋怀，故室内外空间要互相呼应，以资流通，晨餐朝晖，夕枕落霞，坐卧其间，小中可以见大。"而芙蓉池作为C区的构图中心和休止空间，应独擅一种从容大度的意境之美：看云舒云卷，花开花落，尽在一池淡定！

4. 储业公所 是"嵌入"南侧林带的一组江南民居式建筑，宜按遗址范围做整体保护，它作为米市硕果仅剩的稀缺资源，有望跻身省级文物保护单位之列。其庭园营构，建议在南头建垂花门，两侧抄手游廊，中间布置一水庭院。院中小石潭旁，点石为山，延作邻近"石包土"假山的余脉；而小石潭与西北角的荷花池也都可以把芙蓉池作为"源头活水"。所谓"山贵有脉，水贵有源，脉源贯通，全园生动"。（引自陈从周《说园》）我们有理由相信：经过保护性修复的储业会所，将成为一处挺不错的江南园林。

旧闻新说：端午节大运河的龙舟赛

　　端午节赛龙舟，是历史悠久的中国传统习俗。大运河畔的无锡城，尤以装饰华美、别具一格的龙舟著称于江南水乡。这与无锡发达的传统造船业有关。据《无锡市志》"交通运输"卷记载，"无锡船舶制造业始于明万历间"，距今约有400年历史。至清早中期，在运河沿岸，又形成了以邵姓为领军人物的杨、蒋、尤、徐、邵"五姓十三家"造船作坊群，作坊所在地则被称为"厂里"。相传他们竞相制造精美的龙舟，作为自己造船技术的标志。《无锡风俗志》"岁时景物"载："蓉湖竞渡，自古为吾邑盛事。龙舟自初一日始，会于北塘。至是日士女倾城出观。好事者纵鸭十河，视龙舟抢夺以为笑乐。游女如云，画船箫鼓，停桡中流，而轻薄儿掉小舟，往来穿逐，意图不在龙舟也。"

　　据亲历或亲闻的"老无锡"追忆：到了近代，在北塘三里桥一带，每年参赛的龙舟，有白龙、黄龙、乌龙、绿龙等好几种。参赛的龙舟队按地方组成，他们各以所在地段的厂家、店家为赞助商，又把范围内庙里的神像（无锡人称之为老爷）请到龙舟上，旁为2名锣鼓师和2名吹唢呐的道士。在龙舟两侧，各配备7名（共14名）划桨手，船尾的舵手则把木制的"大关刀"拖入水中代替船舵。因此民谣唱道："龙船到，龙船翘，龙船底下跶把大关刀"。龙舟以鸣锣为前进、后退、拐弯、停止的信号，以击鼓协调划桨节奏，唢呐吹奏帝王出行的曲牌。无锡龙舟最有特色的是在龙船上搭起彩棚，上面分层满插旗幡，有帅旗、五行旗、七星旗、八卦旗、十二生肖旗、十二月花名旗以及船顶大红万民伞等等。此外还在船的两侧各排列长矛7支、虎头盾牌2面，分别象征镇治邪魔和驱逐瘟疫。在彩棚的中间两层，上面一层为纸扎的亭台楼阁和纸折的金银财宝，下面一层为无锡泥人"手捏戏文"。船身的最前面为木雕的龙头和吉祥物"刘海戏金蟾"。由于无锡龙舟十分好看，因此端午竞渡时，观者云集，还引来不少的外地游人。

摄于农历乙卯年（1915年）端午节的无锡龙舟

1935年的端午节，为公历6月5日。兹摘录该年6月6日《新无锡》报所载《黄埠墩欣赏龙舟竞渡》有关内容，以见其盛况："昨端午节，城区各段龙舟，午时起出动，会集黄埠墩献技。北塘一带河下观者拥挤，工厂工人大都告假休息。……各银行钱庄一律放假一天。""昨日城区各段有龙船者，计北塘江尖上青龙，府庙之黄龙及小黄龙，青果巷小白龙，南里之绿龙等五条（其中除绿龙尚未就绪，须明日起行外，余均于午时出动，在黄埠墩会集，各显身手）。闻龙船水手，均系渔船渔夫，系事前由各段聘请者，各船夫均熟谙水性，故黄埠墩畔，不啻开一个水上运动会。""今年各龙船装置较往年尤为精致，即青龙完全青色，黄龙一律黄色。各大商店亦乘机在船上装置广告，以做宣传。五光十色，目为之眩。船中均供奉各该处神像，并有锣鼓班，顶上有戏文。小黄龙上扮有梁夫人击鼓战金兵，小白龙上有九洞仙府、福禄寿、桃园三结义、白水滩、白蛇传等。其他尚有各段救火会之小龙，俗称'赤脚龙船'，外场在黄埠墩一带竞赛云。""西汉王之黄龙，前有报船两艘，驶行至速。黄龙竞渡于黄埠墩，船上有水手24人，一律白帽，黄背心，黄短裤，服式整齐，颇为壮观。该船在河心打照左右盘旋，动作迅捷，水花四溅，观众一齐鼓掌叫好。江尖上青龙，除白日竞渡外，夜间并有夜色，热闹情形，当不减白昼。北塘一带，观者人山人海，一般资产阶级，则雇小汽艇驳船等，追随观看，水陆观众均告拥挤云。""各龙舟出发时，各处居民竞放鞭炮欢迎。龙船上除每班有十二人或十六人外，并有快船一二艘，满载休息班划手，在龙舟前引导。府殿内龙船上之划手，系由舢班帮担任。若辈生长江河，技术尤为娴熟。惟昨日因风势甚大，龙舟上身较重，打招颇为迟缓，未能大显绝技云。""晚间各龙舟均有夜色，继续游行竞赛，昨日出发各龙，船身以江尖上青龙为最大，布置亦最为富丽，所费达二千金之巨。南里绿龙，一切设备，亦较堂皇，船身闻较青龙尤大。将于明日（指6月7日）起，赴鼋头渚等处献技。""各龙（今日）赴鼋头渚作种种水面上功夫，届时万顷洪波，竞作水上运动，一显身手……园主杨翰西，闻将如去年成例招待犒劳。"

综合以上"老无锡"追忆和当年新闻报道，见出无锡大运河的龙舟赛，各龙舟的船只大小不一，装饰各异，可以做商业广告；龙舟上水手的数量亦不等。所以其特点为：不在竞速，而在竞技，类似表演赛。且至迟从1934年起，各龙舟在端午节当天，于大运河黄埠墩附近水面竞渡；第二天应太湖鼋头渚横云山庄园主杨翰西的邀请，则赴鼋头渚作水上表演，在时间上也不仅限于一天。

摄于1937年端午节的无锡龙舟。去鼋头渚作表演赛的绿龙、紫龙、白龙三条，以"小白龙"表演最佳

1937年七七事变后，抗日战争全面爆发，无锡的端午节龙舟赛中止。1949年4月23日，无锡解放。龙舟赛在20世纪50年代曾一度恢复，后渐渐淡化……

无锡解放后首次举行的龙船游行

家园之咏

　　我十七岁时就摸进园林大门，在当了十七年苗圃工人后，又在园林局机关呆了二十几年，这样到办理退休手续时，连续工龄达四十四年。退休后，应比我年轻的老同事之约，又时不时去园中走走，做点我熟悉的事。算起来，与无锡园林朝夕相处已六十年，故作《五十八咏家园美》，以志不忘。那么，六十年何不六十咏呢？我还是有点自知之明的，这说明我还没有资格得满分，就留点余地，权作念想吧。

梅园十咏

天心高洁

岁初飞雪花枝俏，

洗心涤尘见高标。

米颠拜石俯仰处，

芳华点点精神好。

梅园有洗心泉，少年荣毅仁撰《洗心泉记》谓："此洗心者，用以洗心中无形之污""亦第以借此寓警焉耳"。泉邻"梅花点点皆天心"之天心台，寓天心人心相合之意。台前有"米襄阳拜石"和"福（嘘云）、禄、寿"三星石等太湖石奇峰四尊，系清大学士兼军机大臣于敏中金坛家园中故物，1916年移此。

香海留月

德公铜像松风里，

香海犹忆变法人。

诵龋心声农为本，

清辉万里留月村。

香海轩因康有为"梅园自合称香海"诗句而得名。轩前伫立荣德生铜像，改革先锋称号获得者马万祺有《风入松》

词颂之。梅园主厅诵豳堂系荣德生自拟堂名，取《诗经》豳风八章之意而讽诵农夫艰辛劳作，与荣氏企业原料来自农村有关。或谓周公曾以此诗教诫周成王。堂右为留月村，少年荣毅仁曾于此临碑习字。

2012年梅园百年华诞时，笔者撰《百年梅园铭》，刻于顽石，置香海轩大树荫下，以仰望德公铜像，表达崇敬之意。

念劬慈恩

百尺势涌念劬塔，

伯仲别墅绕膝下。

家国情怀五湖水，

以善济世碑如崖。

念劬塔系荣氏兄弟为母亲石氏八十冥庆而建，塔名取自《诗经》之"哀哀父母，生我劬劳"句。登塔，太湖烟波扑入眼帘。塔下之宗敬别墅、乐农别墅，今陈列兄弟俩实业救国事迹。诚荣氏为国尽忠，在家尽孝之实物见证。塔右"以善济世"古碑，传为明清官海瑞所书，亦荣氏公益精神之写照。

经畲垂训

风声雨声读书声，

求真挑灯夜深沉。

豁然洞顶习武处，

百炼此身学金人。

荣德生早年创办"梅园豁然洞读书处"，聘钱孙卿（钱锺书叔父）为校长，系教育子弟场所。洞口有名为经畲堂的读书处讲堂，洞顶浒山巅辟网球场和敦厚堂，为读书处学生健身习武处。荣毅仁于此读完中学课程，后考入上海圣约翰大学。于右任赠荣德生联云："百炼此身成铁汉，三缄其口学金人。"荣德生讷于言而敏于行，是大家心目中的忠厚长者。

梅林雪霁

琼枝万树告乃翁，

胜因凤宗骨里红。

数点能回天地心，

百年刹那久为功。

1912年荣德生"为天下布芳馨"兴建梅园，尤重梅花贵种"骨里红"。其四子毅仁的岳丈杨道枢梅园联云："有客登临，一园占尽湖山胜。与时俯仰，数点能回天地心。"1955年，荣毅仁遵父夙愿将梅园赠献政府，为日后"荣氏梅园"跻身全国重点文物保护单位和梅园"更为绚丽灿烂"奠定了基础。2018年，荣德生之孙、荣毅仁哲嗣荣智健襄赞辟"荣氏梅园纪念林"，提升梅园境界。荣氏三代为弘扬梅花精神久久为功，传为百年佳话。

群英登录

坐拥青山势未休，

院士抒怀大成就。

天人合一绘园境，

梅品三百冠神州。

对名花品种作国际登录，是近年来国际植物学界的一项重大基础性研究课题。中国工程院院士、国际梅花泰斗陈俊愉教授于1988年获得梅花品种的国际登录权。也正是陈院士的慧眼识拔，无锡得以在浒山北坡兴建我国唯一的"梅品种国际登录园"，同时作为梅花品种的基因保存基地。迄今国内外有梅花品种约四百个，而梅园的登录园内逾三百种，品种之丰富，独步神州大地。

横山吟风

枕山面湖吟风阁，

抚今追昔今胜古。

忽来天堂翩翩客，

研炼诗情入壮图。

横山之巅的地标建筑吟风阁，由李正设计，先父沙陆墟先生题跋："阁成于己巳（1989年）秋，枕横山，临太湖，高歌低吟，足以抒怀。集明南京礼部尚书邵宝手迹制匾。"阁之下，伫立南宋杭州梅花诗人林和靖石像及古今梅花书画影壁，又有日本友人捐建的纮齐苑。不失为绿色环绕，美美互鉴之宁静致远的幽雅休憩环境。

金谷遗韵

梅花牡丹次第开，

盛世盛景接踵来。

借问桃源何处觅？

绿水青山尽朝晖。

横山西南坡，为荣氏植物园旧址，原因园内多桃，俗称桃园。1913年，荣德生礼聘张畹芬为荣氏女校校长，校址即设在桃园中，故主建筑畹芬堂悬匾"桃花源里人家"。堂邻1989年构筑的牡丹花专类园小金谷，以及1993年开辟的中国梅文化观赏园。观赏园与东山、浒山的大片梅林呈掎角之势；而小金谷之名，缘起于晋石崇以牡丹花取胜的金谷园，颇得古意盎然之趣。

花溪访碑

郁金香阵意难了，

又入花溪九曲妙。

松声鹤舞溪头池，

绕水碑廊余情饶。

蜿蜒自如地横贯在浒山南麓的九曲花溪，系始建于2000年的一条仿生态溪石流。溪之尾，为观赏郁金香的荷兰苑。溪头松鹤亭畔，有1985年绕池始构的梅园碑廊，镶嵌荣德生1916年购自山东的快雪堂古碑一百一十二方，这些碑原藏留月村。1986年碑廊竣工，荣毅仁与二哥尔仁、七弟鸿仁为碑廊诸建筑书额，又传文化佳话。

流芳漱石

古梅奇石一壶中，
清雅顽拙美与共。
姐妹市花歌梁溪，
又见惠山杜鹃红。

古梅奇石圃是构筑于2000年千禧年的梅园"园中之园"，因地设景，小中见大，又借景念劬塔，与老园融洽生情。1983年，梅花和杜鹃花双双入选无锡市的姐妹市花，其《决定》称："我市以梅花命名的梅园已誉满中外，早春探梅已成为我市人民的习惯……我市在锡惠公园建有以杜鹃花为主的'园中之园'……群众中也有一定基础。"而杜鹃园与古梅奇石圃均为李正先生设计。先生于无垢，相识多年，亦师亦友，今先生驾鹤数载，相信他的天堂之行，同样要为园林做贡献。

蠡园八咏

南堤春晓

寻得桃岸寻诗情，

桃红又是一年春。

落英缤纷随流水，

无有鸥侣不问津。

民国初，虞循真于蠡湖畔辟南堤春晓等"青祁八景"。1930年，陈梅芳构渔庄（又名赛蠡园）时，八景的不少景观纳入该园。1952年，老蠡园与渔庄合并，仍名蠡园，南堤春晓为首景，春日桃红柳绿，尽展江南水乡风情。近读宋谢枋得《庆全庵桃花》诗，反其意而用之。

假山耸翠

假山真水需匠心，

师法造化最要紧。

崖头少年今何在？

桃李天下展才情。

山水是园林的骨架和血脉，一说蠡园以"假山真水"著称，无可无不可。1927年王禹卿始建的蠡园和渔庄都有假山；1954年老蠡园之大部划作蠡园招待所（今湖滨饭店前身），留在蠡园的为渔庄假山。大文豪郭沫若1959年《蠡园唱答》诗有"欲识蠡园趣，崖头问少年"句。于崖头俯视，蠡园全貌，靡不历历在目。

四季亭影

花绕方塘一鉴开，

红翠黄白次第回。

问君重访几时许？

都道何妨四季来。

中国造园，重"因借"，即因地制宜和借景。建于1954年的四季亭，随水设景为"因"，隔水相对为"借"。四座亭子，各自相同，不怕雷同，跳出雷同，"你中有我，我中有你"。四位无锡名人分题"溢红""滴翠""醉黄""吟白"匾，悬挂在春、夏、秋、冬亭，甚是不俗，佳话也。

长廊览胜

湖光山色造化功，

晴红烟绿与君共。

莫道花窗花样好，

碑说诗兴无限中。

老蠡园建有百尺廊，1952年延伸为千步廊与渔庄相接；20世纪80年代初，蠡园东部拓展"层波叠影"景区时又做增益。历经半个多世纪建成的这条长廊，是蠡园领略近水远山的最佳处。廊畔有"晴红烟绿"水榭（湖心亭）及凝春塔，亦蠡园主景点之一。

镜涵水庭

恍惚吴宫玩花池，
翩若惊鸿舞西施。
六月廿四荷花节，
莲舫桂楫恰逢时。

"镜涵"水池为今日蠡园与湖滨饭店接界处，其西有"层波叠影"美景，池中点有以赏荷为主题的"田田"等三岛。或传中国栽荷观赏历史，始自吴王夫差为西施在灵岩山之馆娃宫所筑"玩花池"；镜涵水池似之。邻近水池有旱船"莲舫"，取吴地六月廿四荷花生日恰为"雷尊"多逢雷雨典故，笔者为该舫拟联"锦缆常系衿香薄，船窗暂启雨声稀"。意为夏雨将停未停时赏荷最佳。

层波叠影

楼阁参差美与共，
亭廊不与一般同。
匠心妙笔挥洒处，
临风怀故忆李公。

改革开放后，无锡旅游业复兴。为纾解蠡园游线拥堵，于20世纪80年代初，拓展园之东部"层波叠影"景区。其时湖滨饭店已建大楼，故于该景区建春秋阁与之相衡，妙构也。景区由李正先生擘画，获省优秀设计奖。先生驾鹤，其作品萦绕心头，挥之不去，故以诗念之。

鱼经碑刻

仰慕范蠡起园名，

园有范蠡养鱼经。

扁舟一叶千古远，

鱼经富了老百姓。

王禹卿《六十年来自述》谓蠡园得名，缘起"窃慕范大夫之为人"。2020年春，笔者偶得范蠡《养鱼经》注释本；秋日，蠡园管理处据此刻碑立石。是年，距始建蠡园恰七十五周年。碑石之西有濯锦楼，悬挂先父手书楹联："路横斜，花雾红迷岸；山远近，烟岚绿到舟。"

新西施庄

水东旧有西施庄，

往事如烟亦迷茫。

忽如一夜梨花白，

浪拥新岛浓淡妆。

元《无锡志》载："西施庄，在水东四十里。《吴地记》：范蠡献西施于吴，故有是庄。"东汉《吴越春秋》有类似记载。21世纪初，我市浚治蠡湖时，于蠡园之东，聚湖中淤泥堆积面积约三公顷的小岛，上筑西施庄。"忽如一夜梨花白"，系借古人诗句形容蠡湖白浪飞溅。

惠山景区十二咏

惠山禅寺

舍得草堂佛殿崇，

色不异空花一丛。

唐宋经幢今犹在，

有否旧台烟雨中。

公元423年（南朝刘宋景平元年），湛挺舍林间墅园历山草堂为佛地，更名"华山精舍"，此为惠山寺前身，或谓此亦无锡园林之滥觞。惠山寺历经废兴，2002年，江苏省人民政府公布惠山寺庙园林为江苏省文物保护单位，见出有记载的最早无锡园林由别墅园林转而为寺庙园林的链接关系。2013年，国务院公布惠山寺经幢为全国重点文物保护单位，说明了无锡园林在"文物因园林而保护，园林因文物而生辉"方面，是有成功经验的。

二泉映月

七月十五月一轮，

影落二泉心相认。

二胡一曲一段情，

倾倒多少地球人。

据考：由茶神陆羽品评的天下第二泉，其泉池浚凿于唐大历九至十二年间（774—777）。其时，无锡升格为"望县"，二泉是无锡经济社会发展的里程碑，距今已有一千两百多年历史。而每逢农历七月十五日亥时（晚九至十一时），一轮圆月会如约在该泉池伫留一个时辰，北宋王禹偁《题陆羽茶泉》诗有"惟余半夜泉中月，留得先生一片心"佳句。近代民间音乐家瞎子阿炳《无锡景》唱词谓"我有一段情，唱拨诸君听"，所谱二胡曲《二泉映月》名闻海内外。先父沙陆墟先生早年与阿炳相识，著有七言长诗《街头艺人阿炳》凡七十六句，载1947年4月11日《锡报》，报纸现藏无锡市图书馆。国务院于2006年分别公布"天下第二泉庭园及石刻""荣氏梅园"为全国重点文物保护单位。两园申报国保的推荐材料，均为笔者编制。

寄畅秋韵

五百年前韵犹在，
春风秋月扑面来。
山色溪光参天木，
盛世更复古亭台。

2009年，市里计划将原属全国重点文物保护单位寄畅园的秦园街沿街地块，回归该园，以资恢复毁于清咸丰十年（1860）兵燹的园子东南部景色。为此组成了十一人的专家组从事该项目。经考古发掘，在有遗物可证的基础上，由李正、顾文璧、沙无垢署名，沙无垢执笔编制了《寄畅园东南部修复方案》。经省文化厅转呈，笔者于同年12月4日带队专程赴国家文物局做汇报；8日即获批同意。由此，寄畅园基本恢复了康熙、乾隆南巡驻跸该园时的鼎盛期风貌。

惠山祠堂

慎终追远何所求？

古镇祠堂百余座。

谆谆家风传祖训，

一路读来感慨多。

慎终追远，指对已逝先辈尽礼又追思其德。孔子《论语·学而》谓："慎终追远，民德归厚矣。"于此可悟立祠之宗旨理念。惠山古镇现存最早的祠堂，为南齐建元三年（481）即宅为祠，又于元至治年间（1321—1323）迁至"二泉东偏"的华孝子祠；迄1949年4月23日无锡解放，惠山计有祠堂一百十八座半。2006年，国务院公布"惠山镇祠堂"为全国重点文物保护单位，该国保包括以华孝子祠为首的核心祠堂十座。申报该项目为国保的推荐材料，系笔者所编制，从中受益良多，故作小诗以纪之。

龙光塔影

文光射斗龙光塔，

故事背后学无涯。

铜铸葫芦录芳名，

护塔谁人不风雅。

　　龙光塔是无锡最美地标建筑，始建于明万历二年（1574）。塔成时，无锡出了继南宋蒋重珍之后的第二位状元孙继皋，清时又先后出状元邹忠倚、王云锦、顾皋，龙光塔遂成为无锡人心目中振兴文风的风水塔。该塔多次重修。1934年重修该塔时，铸铜塔刹上刻有捐资修塔凡二百十三人功德芳名录。2018年，荣智健先生独力捐资四百九十五万，再度修塔。笔者忝为这次《重修记》拟稿人；又策划六角形护碑亭，以象征无锡古县城之"龟背形"城池格局。此前二十多年间，笔者曾先后策划位于蠡湖宝界桥头的双虹碑亭，位于锡惠公园南大门前的大运河碑亭。笔者因能为无锡风景建设添砖加瓦而倍感欣慰。

山湖凝碧

草莽千年秦皇坞，
谁言林墅有却无？
惊雷一声开新颜，
春申涧头映山湖。

　　映山湖故址为秦始皇坞。唐陆羽《惠山寺记》载："秦始皇坞，林墅之异名。昔秦始皇东巡会稽，望气者以金陵、太湖之间有天子气，故掘而厌之。"《记》中所述"林墅"失考，坞亦沦为荒冢蔓草。1958年凿为映山湖，引连锡山、惠山倒映入湖，故名。亦为翌年锡山公园拓展为锡惠公园，奠定了山水基础。

鹃园红醉

映山红艳醉山河，

匠人匠心醉红坡。

洗尽凡心迎凡客，

都爱这里游再游。

杜鹃园，李正先生设计，1985年荣膺国家优秀设计奖，李鹏同志亲授证书。2007年，江泽慧女士书题"中国杜鹃园"匾，褒之。"醉红坡"是该园主景，李正故友陈从周教授书题，又有诗赞该园"洗尽凡心消尽俗"。先父应李正之约，撰《杜鹃园记》，立石镶嵌园壁。

吟苑可吟

山外青山园外园，

园中山水有脉源。

壶中天地天地大，

可吟白云乐悠悠。

吟苑原设计为花卉盆景专类园，始建于1985年，李正设计，先父撰书《梁溪吟苑记》立石于壁间。此苑以"壶中天"为盆景展馆。馆外，构种植四季花卉的山水园，以借景锡山、惠山见长，有"苑在山中，山在苑中"之慨；苑中人工湖，其源头亦在山中。脉源贯通，全苑生动。陈从周借清龚自珍"吟道夕阳山外山，古今谁免余情绕"评价此苑，贴切而中肯。

二泉书院

白云洞口石门开，

百姓口碑胜金碑。

先生讲学执鞭处，

二泉书院点易台。

邵宝（1460—1527），是最富传奇故事色彩的无锡历史名人，如百姓口口相传的"若要石门开，须等邵宝来"，家喻户晓。真实的邵宝，清廉正直，人称"千金不受先生"。明正德十四年（1519），先生擢升南京礼部尚书，恳辞，得恩准在家养病，创办二泉书院，讲学其中，因时间上早于东林书院八十八年，誉为"东林先声"。书院之上，有点易台，系先生批点《易经》处。2002年，二泉书院公布为江苏省文物保护单位，镇院之宝为邵宝撰书的《点易台铭有序》四面碑。园林部门重建拜石亭护碑，亭名匾由先父敬书。

张中丞庙

为国尽忠铸烈魄，

死为厉鬼杀恶贼。

自古多少精忠将，

魂犹护民荫福泽。

张中丞庙又名双忠祠，俗呼大老爷殿，祀唐"安史之乱"时抵御叛军，血战睢阳，壮烈殉国的御史中丞张巡和睢阳太守许远。张巡矢志"死为厉鬼杀贼"，激愤此言时，面青如铁，故百姓称其为"青面大老爷"。旧时农历三月廿八的惠山东岳庙会，无锡十庙的迎神赛会队伍，都先在张中丞庙会合，再去东岳庙朝拜，是当年无锡最盛大的民俗活动。七月廿五是张巡神诞日，百姓相约去该庙祭拜祈福，通宵达旦，俗称"坐夜"。1995年，张中丞庙被公布为江苏省文物保护单位，延请中国工艺美术大师王木东塑《双忠》像，神态坚毅，万民敬仰。

惠山泥人

龙头河里龙船来，

乾隆笑纳小泥孩。

人见人爱大阿福。

一入御眼不一般。

无锡将泥人作为商品，最早文字记载见明弘治七年（1494）编修的《重修无锡县志》"风俗"篇："六月十九日，崇安寺鬻泥巧及戏玩之物。人民抱引，男女竞往买之，盖观音会之遗事。"可证今国家级非遗"惠山泥人"，距今约有六百年悠久历史。

金刚肚脐

宝善桥边野草花，

古镇巷口夕阳斜。

金刚肚脐宫门燕，

飞入寻常百姓家。

惠山名点"金刚肚脐",今亦名惠山油酥,系省级非遗。相传原为明宫廷小吃之"重油烧饼",清初,由朱姓摆"油摊头"售给游人。其最早文字记载,见清初无锡儒医杜汉阶(1668—1749)竹枝词。今改唐刘禹锡《乌衣巷》诗十个字,咏之。

鼋渚赏樱六咏

长春花漪

行行桥头春长驻，

漫漫樱堤微带雨。

应览满园深浅色，

回眸湖光泛碧漪。

长春桥湖堤栽植樱花名种"染井吉野"始于20世纪30年代，至1980年建绛雪轩为驻足赏樱处，历时半个世纪。翌年，著名作家杜宣为此题"长春花漪"匾，赞叹这里为鼋头渚赏樱经典。

樱谷花语

独山盛景芳菲谷，

楼台高耸花海前。

女夷舞袖留香处，

樱说友谊又一年。

樱花谷在充山（南犊山）、鹿顶山环抱的山麓地带。而充山南坡有花神庙，花神名女夷，农历二月十二花朝节是她的生日。1959年郭沫若《咏鼋头渚》诗有"女夷舞袖留"句。此地樱花景观滥觞于1987—1988年始植的中日樱花友谊林。

2008年底，独山村整体搬迁后，村址改种樱花，至2010年3月26日樱花谷建成开园时，鼋头渚植樱逾三万株。此谷与长春花漪并列鼋渚赏樱核心区，花海人潮，蔚为壮观。

柳浪问樱

依依鼋渚柳色俏，

翩翩紫燕飞来早。

借问东风何处去，

吹笑樱花迷二桥。

20世纪60年代，园林部门在鼋头渚长春桥至中独山二泉桥之沿湖一带，植樱栽柳，颇擅李商隐"樱花永巷垂杨岸"诗意。而二泉桥系当年无锡士绅为祝贺钱基博、钱孙卿双胞胎兄弟六十双寿所捐建。古字义钱、泉可通解，故名二泉桥，亦有遥对惠山"天下第二泉"寓意，无锡人的故乡情于此可见一斑。

曹湾樱雨

幽坞宜栽红樱树，

闲绕花枝作胜游。

元本曹湾古树落，

晨鸟暮蛙阿弥陀。

"曹湾"地名在元代《无锡志》中已有记载，湾内有百年尼庵"小普陀"历史建筑。此湾植樱始于2001年秋，树下种二月兰，衬托有情。花开时节，于此拍婚纱照者甚多。我意此湾不妨补种花色嫣红的福建山樱若干，用以填补长春桥吉野樱盛花之后的赏樱空档期。烟雨三月，幽坞迷蒙，忽见红樱出墙，是可以形成生动画面的。

若圃樱梦

陈园昔留聂耳踪，
充山隐秀美与共。
游兴一樽樱花酒，
梦里蝴蝶醉春风。

陈家花园又名若圃，始建于1924年，现拓展并优化提升为充山隐秀景区。斯园植樱，始于20世纪60年代，1986年后又做补植；90年代中期于樱花林畔辟花菖蒲园。颇疑樱花的落英化为花菖蒲翩翩如彩蝶的万千花朵。取庄子梦蝶典故，造今日若圃美景，如梦似幻，发人遐思。

芳堤樱歌

十里芳堤绿映红，
鸥鹭明灭御春风。
山楼凭远对古寺，
倾城赏樱诗画中。

为改善鼋头渚风景区外围交通。市里筑十里芳堤以通环湖路。2020年，景区管理部门又拟将其行道树改为樱花，与景区内已有五处樱花盛景相呼应，合为"六六大顺"之花境。太湖鼋头渚作为世界三大赏樱胜地之一，有此生动一笔作提升，不啻锦上添花。诗中的"山楼"，指江苏省太湖工人疗养院，该院已跻身江苏省文物保护单位。

鼋渚风光二十二咏

鼋渚门楼

崇门华楼通天涯，

浮云野鹤属仙家。

不到山水结缘处，

怎知太湖何处佳。

20世纪90年代，影视城声誉鹊起，前往的旅游车辆川流不息。一次，鼋头渚风景区负责人吴惠良君与李正先生、笔者等议论此事，认为应在山水东路至锡鼋路的路口咽喉处，建门楼作为标志。因限于环境尺度，此门楼不宜过高过大，但小了又达不到理想境界。后于道法自然，佛讲因缘的大智慧中得到启发，李正遂于门楼顶端设计象征智慧的钛金火焰珠，以吸引游人仰视。1998年门楼建成后，效果得宜得体，鼋渚客流愈旺。

宝界梦忆

朱衣宝界未曾忘，

山庄接踵泉潭旁。

双虹桥映双虹园，

先贤高风人仰望。

西汉末，外戚王莽篡位，以威迫利诱手段拉拢丞相司直虞俊从逆。虞不从，服毒身亡，归葬家乡无锡宝界山。东汉立，光武帝刘秀赐朱幡覆盖虞俊墓，作表彰。"朱衣宝界"遂成为此处最早名胜。自南宋至明代，钱绅、陈宾、王问王鉴父子，先后于此构山庄、墅园，并开凿、疏浚通惠泉利民。1934年，荣德生捐花甲寿礼于宝界山麓建横跨蠡湖的宝界桥。越六十年，荣公之孙智健先生又捐资在老桥旁建新桥，以助家乡经济建设，"宝界双虹"传为佳话。桥堍双虹园故址，原为国学专修馆拟迁校用地，遗有国学桥。美丽鼋头渚总入口处，有讲不完的生动故事，令人一赞三叹。

茹经华堂

弦歌声声白云间，
酬师情愫今日还。
华堂欢语关不住，
桃李芬芳满琴山。

宝界山，又名琴山，山坡面对蠡湖处的茹经堂，系上海南洋大学（今上海交通大学）和无锡国学专修馆（新中国成立后并入苏州大学）两校四千五百余名校友献给老校长、国学大师唐文治（晚号茹经）先生的七秩寿礼。始建于1934年，落成于1936年元旦。当时地方报纸上载有落成典礼时师生情谊至深、至诚、至纯之盛况。该堂于1985年后几次重修，内设唐文治先生纪念馆。另设唐文治儿媳、人民教育家俞庆棠先生纪念室，人伦师表，令人敬仰。

十里芳径

四顾山光接水光，

十里芳径不觉长。

一轴画卷无限意，

九展重读犹思量。

　　鼋头渚以"十景"称誉天下。始自充山南大门（主入口）的"十里芳径"，实为贯通其他九景的游览主干道：前行左拐为"充山隐秀"（原陈家花园），如直行在曹湾左拐经上山道至"鹿顶迎晖"；再直行右拐出犊山门经犊山大坝由陆路达"管社山庄"；继续直行在独山门水口右拐经二泉桥至"中犊晨雾"，如左拐则至"樱谷慕贤"和"江南兰苑"；如前行过山辉川媚牌坊，左拐经齐眉路达"万浪卷雪"（内有太湖别墅），直行为"鼋渚春涛"（原横云山庄）；在游船码头乘船可达"太湖仙岛"。十里芳径通幽处，引人入胜，流连忘返。

鹿顶迎晖

呦呦鹿鸣此山高，

重湖叠巘清未了。

坐拥亭台迎晖处，

无人不说无锡好。

　　1984年，市九届二次人代会决定在鹿顶山巅建"鹿顶迎晖"。笔者为建设领导小组成员，规划设计由徐东跃君主持。徐君为人忠厚坦诚，话不多，擅绘画设计，系徐悲鸿先生亲侄孙，幼时曾受令叔公亲自指导，其艺术功力始自"童子功"。该景于1985年建成，翌年元旦开放，先父撰《鹿顶迎晖建设记》记其事。2018年，鼋头渚管理处在鹿顶山东北坡建可吟台，嘱予作文以纪之。对此美意，笔者心存感激，故撰书《可吟台记》，以续先父上述华章之余绪。

舒天抒怀

鸥鹭明灭不可料，
飞翠杰阁占高标。
极目楚天凭栏处，
壮阔宏图架金桥。

无锡在战国时属楚，系楚相春申君黄歇封地。缘此，鹿顶迎晖的标志建筑，据毛泽东主席"极目楚天舒"诗句意，命名为"舒天阁"。登阁凭栏，无锡之经济发达城市、江南鱼米之乡、太湖旅游胜地三大盛景，无不历历在目。展望未来，更觉前途无限。

充山隐秀

忽如一夜东风来，
百年陈园新颜开。
桃花水母花菖蒲，
翩若蝴蝶半存猜。

充山隐秀建设过程中，将陈家花园原有大水池拓展为翠湖；后又在其上游建花菖蒲专类园。2002年7月，翠湖内发现白色不明漂浮生物，经专家实地考察，初步判断可能是国家濒危野生动物"桃花水母"。太湖在无锡的水域又称"梅梁湖"，清翁澍《具区志》称："（湖）在夫椒山东，吴时进梅梁至此，舟沉失梁，后每至春首，则水面生花。"这花是什么？可能就是形态似桃若梅的水母类生物。

聂耳遗踪

藤荫逭暑清水塘，

陋室远比画梁强。

陈园仰见聂耳亭，

先锋大路铭心上。

2020年底，我为充山隐秀夏荫区的紫藤棚撰一联："参差羽叶紫花了了，断续歌声藤荫深深。"该联指出聂耳亭位置。1934年，上海联华影片公司到无锡拍摄进步电影《大路》外景，剧组借宿陈家花园，聂耳承担作曲和录音任务，《大路歌》和《开路先锋》即创作于此。1961年，《大路》的编剧于伶先生旧地重游，于此咏《太湖陈园忆聂耳》，内有"断续歌声，水天遥忆故人劫"句。2003年，聂耳当年下榻的小阁楼以"聂耳亭"名称公布为无锡市文物保护单位。

田汉怀友

太湖别墅诉友情，

万方有难以登临。

热血故人泪相忆，

恰如椰叶依松林。

抗战前后，田汉曾多次造访无锡，并去鼋头渚。如1946年7月7日《锡报》载田汉《无锡之旅》称："战前予尝五游无锡……出西门……由蠡园经宝界桥……转入太湖，重登鼋头渚……转上万方楼，晤昆仑兄，王老伯亦扶杖相见。"文中的万方楼是太湖别墅的待客处，以唐杜甫"万方有难此登临"诗句命名。1935年，田汉《游太湖》诗有"忽忆故人椰叶下，盈盈红泪湿罗裙"句。所言"椰叶"疑似与椰子树同科的植物棕榈，两者有相似处。而在无锡太湖近代园林中，常见在原生态松林路旁栽植棕榈，以摹拟南方海边之景。诗中所言"故人"，应是1935年转道日本拟赴苏联，7月17日在日本海滨游泳时，不幸溺水逝世的聂耳，"盈盈红泪"见出两人深谊至深。

人杰苑馆

至德肇基三千年，

太湖人杰荟名邦。

英雄辈出新时代，

长江后浪推前浪。

无锡据太湖、长江之胜，自古人杰地灵，人才辈出。2005年市里决定，在鼋头渚择址开辟无锡人杰苑（馆），翌年奠基，2007年国庆前建成开放。苑馆由李正先生担纲规划设计，先生约我为该规划设计拟"文案"。无锡人杰苑（馆）展示六十五位无锡（含江阴、宜兴）历史名人生平和为中华民族所做杰出贡献。苑内，中国美术馆馆长吴为山创作的三十二尊无锡历史名人青铜雕塑，重精神内涵刻画，熠熠生辉，功力不凡。

江南兰苑

屈子行吟九畹兰，

因地制宜斯苑栽。

幽静芬芳抬头处，

鹿顶高阁翩翩来。

江南兰苑不仅在赏兰、艺兰上，独步江南，又是我国兰花种质资源保护研究中心之一。始建于1987年，至1992年全面落成。自择址、设计至施工，均由吴惠良君一人独力主持。笔者对此苑文化布置，亦做参与。1994年10月17日，中国文史馆馆长启功造访斯苑，当场挥毫，赞赏其"幽静芬芳必以斯苑为巨擘"。该苑借景鹿顶山舒天阁，小中见大，有独到处。

包孕吴越

泼墨雄健如椽笔，

横云水天映石壁。

包孕吴越千古事，

付与烟波万顷碧。

1891年农历正月初八，历任金匮、无锡知县的书法家廖纶，在鼋头渚临湖石崖上，摩崖大书"横云""包孕吴越"六字，以超凡笔力凝聚了此地气象万千的博大境界，不啻是1916年于此始建"横云山庄"的奠基礼。

鼋渚春涛

横云山庄鼋渚上，

春涛容与状元郎。

风景名胜动心处，

生态人文两相望。

横云山庄园主杨翰西的堂兄杨味云，曾任北洋政府财政部次长，是我国近代民族工业的先驱之一，与末代状元刘春霖友善。鼋头渚石刻上的"鼋渚春涛"四字即为刘状元手书。抗战期间，华北沦陷，此公拒绝敌伪威逼利诱，坚持民族气节，表现了中国知识分子的高风亮节，令人钦佩。

灯塔逸闻

船失航向深沉夜，

明灯救难疑仙家。

锡湖轮船通吴越，

鼋渚灯塔景色佳。

清咸丰庚申（1860），华孝子后裔华题蓉避兵灾于太湖之滨。某日夜航，误入湖心，正当危急惶恐之时，忽见一灯指明航向。平安上岸后，经仔细辨认，方知是鼋头渚，但未见此地有灯，疑是仙人指路，遇难呈祥，鼋头渚是吉祥之地无疑。横云山庄建成后，园主于此立杆悬灯，方便夜航船只。

1924 年，无锡与湖州之间开通锡湖轮船，吴越以轮相通，船东们集资建灯塔代作贺仪，从此成为此地著名一景。

光明亭影

亭名光明民为主，
刘帅笔锋涵今古。
绿水青山无限好，
党的光辉照征途。

1954 年春，刘伯承元帅在无锡市领导陪同下，健步登上鼋头渚公园的充山之顶，见有亭子尚未结顶却因故停工，便道"无上光明"。据刘帅的次子刘蒙将军告诉笔者：新中国成立后，搬掉了压在老百姓头上的三座大山，人民当家做主人，所以称"无上光明"。在刘帅的关心下，此亭得以顺利完工。1957 年 7 月 1 日，因无锡之请，刘帅为此亭题书"光明亭"，歌颂党的领导，使亭子的内涵有新的升华。

女夷神庙

天宫女夷司三春，
降下百花着地生。
大好湖山寻芳处，
美有天然精气神。

鼋头渚的"花神庙"始建于 1923 年，供奉"百花仙子"花神女夷。农历二月十二花朝节俗称百花生日。旧时太湖沿岸果农相约于此日去花神庙烧香祈福，保佑春华秋实，水果丰收。该民俗活动反映了百姓崇尚自然，热爱生活，把鲜花作为情感倾诉对象的公序良俗。该庙历经维修保养，现状良好。

太湖别墅

齐眉路拥不老松，

境界不与一般同。

湖堤飞架万浪桥，

山馆欲穷七十峰。

1927年，社会贤达王心如在鼋头渚横云山庄东南方，购地建太湖别墅，同时，在沿湖水湾筑堤架"万浪桥"，建船码头和风力水车，方便别墅水上交通和用水。1936年，王心如、侯受真夫妇花甲双寿，其子女王昆仑兄妹取东汉梁鸿、孟光"举案齐眉"典故，筑齐眉路以志祝寿庆贺，并改善陆路交通。现人湖别墅为鼋头渚风景区核心景点之一。以万浪桥为起点，向东经苍鹰渚的卷雪亭至天远楼，为鼋渚十景之万浪卷雪景区，以纯天然的山色水光取胜，堪称移步换景，目不暇接。

昆仑故居

抗日救亡载史册，

矢志报国兴中华。

壮美湖山殷殷意，

先生精神传佳话。

七十二峰山馆是太湖别墅的主体建筑，系王心如先生的哲嗣王昆仑（1902—1985）早年活动场所。新中国成立后，王昆仑历任北京市副市长、民革中央主席、全国政协副主席等。1986年，山馆经全面整修，辟为王昆仑故居，时任全国政协主席邓颖超题匾，内有王昆仑生平事迹陈列。2011年，于馆前立王昆仑雕像。山馆不远处的万方楼，因"万方楼会议"而载入史册：1935年8月下旬，时任国民党政府立法委员、实为中共秘密党员的王昆仑，召集革命志士二十余人，于此商讨抗日救亡大计；"军统"要员沈醉奉命暗杀，因故未果。五十年后，两人在北京同一医院休养，沈醉先生告知此事，昆仑老报之一笑，"相逢一笑泯恩仇"传为佳话。

鹰羡霜天

满目青山点点红，

何妨简笔灵犀通。

一桥一亭淡抹处，

万浪卷雪心潮涌。

无锡太湖水域，因有湖东十二渚和湖西十八湾，而使山水交融。苍鹰渚为十二渚之一。渚上仅卷雪一亭；亭旁仅景题一石，分别由当代名人周而复书"苍鹰渚"、冯其庸书"鹰羡霜天"镌刻其上。风景建筑有时能以至简之笔点醒至美之景，即以人与自然的沟通共鸣，而臻于"天人合一"境界，苍鹰渚可视作佳例。

中犊晨雾

独山浦岭两水门，

神功属谁问湖神。

飘忽楼台疑仙界，

万千气象风助胜。

在太湖、蠡湖之间，中独山似中流砥柱屹立其间。又以山南、山北的独山门、浦岭门这两个水门（口）沟通两湖水系。原传水门为大禹所开；后又传系汉时张渤化身为猪婆龙（扬子鳄）所拱开，旧时，无锡南门外有张元庵，祀主即张渤。中独山上，原有子宽别墅、小蓬莱山馆两座近代园林。20世纪50年代，于此所建太湖工人疗养院，在2001年被公布为江苏省文物保护单位。

管社山庄

南犊中犊北犊山，

拓荒神牛卧湖滩。

管社山庄分外好，

道有荷花清香来。

北犊山又名管社山，山麓建有近代园林万顷堂和包括杨家祠堂及墓园的管社山庄。杨家祠堂的祀主，为杨味云的父亲杨用舟；墓园内有杨味云夫妇的合葬墓和杨味云的诗冢，以及杨味云八妹、旅美爱国画家杨令茀墓等。祠堂和墓园已列为无锡市文物保护单位。21世纪初，市里整治蠡湖时，将管社山全部古今风景名胜园林总名为"管社山庄"。近年又在山崖湖滨开辟大片荷花荡,复将木栈道引入荷花深处,花开时节,游人如织,成为美丽无锡的又一个"网红打卡"旅游胜地。

太湖仙岛

秀气灵气加仙气,

三山映碧印心底。

天上人间今合璧,

太湖仙岛人人喜。

新中国成立后,太湖三山岛经多年来的绿化美化,点景引景,使其成为以"三山映碧"为特色的幽雅美丽景观环境。在此基础上,于20世纪90年代中叶,将全岛开辟为以道家天人合一、返璞归真为理念的太湖仙岛。该项目由李正、吴惠良、沙无垢、夏泉生等规划设计。其中:李正主持建筑设计,沙无垢负责文化策划。1999年1月18日,中国道教协会会长闵智亭(号玉溪道人)亲临该岛,书题"天开画图"赞之。2004年,经有关方面批准,于仙岛灵霄宫和天都仙府成立太湖三山道院,合法开展宗教活动。

渔民之风

太湖，是包孕吴越的母亲湖。没有她的慷慨赐与，就没有建在真山真水间的无锡园林的辉煌。滥觞于19世纪末叶至20世纪初期的无锡旅游业，又因无锡在近代崛起的太湖风景园林聚集的人气而兴旺。而无锡方言之"好吃好白相"，无疑是旅游要件的必备因素，由此好吃的"太湖船菜"应运而生。说到船菜，就少不了渔民的辛劳。他们在数以千年计所形成的敬畏自然、敬仰圣贤、敬佩英雄的淳朴民风民俗中，寄寓着自己的诉求、期盼和梦想。这又是我们今天以文兴旅促旅、文旅融合发展的"接地气"的宝贵财富。

敬仰圣贤　敬畏自然　敬佩英雄
太湖渔民崇拜三大神

　　无锡现存最早的地方志，是在元代至正年间（1341—1368）编修的《无锡志》。该《志》第二卷"山川"载："管社山……与独山相望，冲为浦岭门，亦名庙门……独山……南与充山对峙，中汇为门，号曰独山门。""小五湖在州南一十八里，一名五里湖，其北梁溪水顺流而南二十里，其东南长广溪迢迢二十余里……会二水合流，由是湖过独山门及庙门而通于太湖。"为什么沟通太湖、五里湖（蠡湖）的水门"浦岭门"又名"庙门"呢？那是因为在该水门北面的管社山上，建有古庙。这古庙原来祭祀的对象，是为中华民族做出杰出贡献的治水圣贤大禹，所以这庙就叫作"禹王庙"。因"禹"与西楚霸王项羽的"羽"谐音，后来禹王庙就讹传为"项王庙"。这样，约从明代开始，太湖渔民祭祀大禹便相对集中在太湖中心的小岛平台山上，那里同样有座禹王庙。清康熙《无锡县志》载："管社山与独山相对，其山当溪流之冲。溪至是极狭，望之欲穿，一转茫然万顷，下有项王庙。"庙中有小岳阳楼，是登高观赏太湖胜景之处。清朝议大夫、漳州知府兼汀漳龙兵备道、鼋头渚犊山村人周镐（1754—1834）所咏《九日登小岳阳楼》诗云："不是巴陵道上来，具区胜状此徘徊。山分水势双流转，风逼帆梢六扇开。明德至今思禹绩，繁华何处问苏台。一声鸣雁高飞去，笑向奚奴索酒杯。"诗中的"明德至今思禹绩"，说的就是沟通太湖、五里湖的独山水门"世传神禹所凿"。庙侧的偏殿，供奉湖神。因火灾，庙"左庑"即主殿东面的屋基多年荒芜，在1915年冬季至翌年3月，杨翰西于此捐建万顷堂。由于该堂始建时间稍早于同样由杨翰西建造的鼋头渚横云山庄，所以被视作此地风景开发的"先声"。

禹王功高底定太湖蠡湖

太湖渔民的祭祀，以祭禹王最为隆重。禹王是上古历史上有名的人物，是他治理了神州的水灾，导河入海，天下恢复了平和。渔民们把他称为水路菩萨。祭禹王的地方在北昂，即今天太湖中心的小岛平台山。平台山又被称为杜圻洲。渔民很早就在平台山上建了禹王庙，早在明代，大学士王鏊即为该庙题书刻石。平台山禹王庙，三楹两庑。庙额为"功高底定"，其出典是古书上记载经大禹治水以后，"三江既入，震泽底定"。江水入海，太湖就平稳了。这是歌颂禹的功德。庙内两楹有西洞庭山陈纶所题对联："忘其身，忘其家，辛壬癸甲，阅四日而出，惟荒度土功，遂贻万世平成之治；注之海，注之江，疏瀹决排，历八年于外，能奋庸帝载，乃受一心人道之传。"对联概括了大禹在历史上的地位功绩。庙有禹王像居中而坐，旁有皋陶、伯益附祀。传说伯益司焚山驱兽之职，皋陶司种稻治螟之职。

禹王庙体现了最原始的渔耕思想。但现在渔民们对供祭的禹王有着现实的需要。太湖四周渔民，虽然在湖上作业时去住不定，但他们渔船的停泊都是相对固定的。并且同姓氏者往往居住在一起。渔民的姓氏有蒋、丁、黄、李、张，其中蒋姓人数最多。各姓之中都有领头之人，而祭禹王的大事，也由他们组织和召集，并由蒋姓领头之人向全太湖渔民募集祭祀费用。之后再向昆山、角直、上海、淀山湖、青浦朱家角的渔民募集。还要向无锡、常州、长兴、吴兴等地募捐。在平台山祭禹，是整个长三角地区渔民参与的祭祀。所以参与祭祀的渔民东至上海郊区，西达金坛、溧阳，北至无锡，南达长兴、湖州。在东西一百多公里的范围内，涵盖了江、浙两省的渔民。

禹王祭的香会每年四次，农历正月初八、清明、农历七月初七、白露就是祭祀之期。其中清明、白露的春秋之祭最为隆重且规模大。春祭六天，秋祭七天，每天都演一台戏，每台戏二文二武共四出，其中必定要演《打渔杀家》。

在祭祀过程中，由祝司主持全过程。祝司除襄赞外，还要唱神歌。受祭的主要是禹王，陪祀的有城隍、土地、花神、金姑、蚕花姑娘、宅神、门神、姜太公、家堂老爷等。祭祀开始，由祝司赞道：

祭庄恭对，虔诚伏跪，神驾护前。

玳瑁筵开立华堂，屏开孔雀奏笙簧。
神明暂出黄金殿，一派笙歌迎神贤。

接着是请神，向每一位神前敬酒。祝司一面敬酒一面唱：

造酒原来是杜康，消愁解闷最为高。
劝君更尽一杯酒，与我同消万古愁。

酒过三巡，即行献宝。一只盘里放着供陈的各种物品。其中有米、小麦、甘蔗、荸荠、豆、银洋、糖果、首饰、茶叶等。对每一种物品都要颂唱，在把每件物品供陈到神前时，就唱与物品有关的歌词。供陈小麦时唱道：

土府坰根过半年，花开深处晚风前。
家家看似三冬雪，处处离割四月天。

供陈茶叶时唱道：

清香解渴味碧黄，油盐酱醋持门户。
却从阳羡山中出，指向剪引后山华。

每件都唱，不可尽述。由祝司领唱，与祭者同声合唱，气氛热烈，场面热闹。每唱皆由祝司高呼带领与祭者向禹王和各神祇跪拜。直至祭祀仪式完成。下面即面对着庙的神殿搭起戏台，演戏酬神。同时各地渔民互相访问，与亲朋见面会谈，一些买卖交易也在这时进行。另有一部分人烹制宴席，招待必要的客人。

每年农历十月，另有部分太湖渔民到平台山禹王庙前集会，有二百来艘四桅、五桅的大渔船。这时冬捕已开始。每船捕到的第一条大鱼送到禹王庙献祭，称献头鱼。竹枝词云："一年之计三冬好，吃食穿衣望有余。牵得九囊多饱满，北昂山上献头鱼。"

而祭昂的时间是农历正月初一至十二日，有一百多艘五至七桅的大船聚集到平台山。昂是凶险的水怪，被镇压在平台山的神坛下。蒋姓渔民是一定要参与的。祭昂的时候同时祭禹王。祭礼要进行一昼夜时间，可谓隆重。祭品用全猪、全羊、鸡、鱼、菜花团、定胜糕，猪、羊都要留一些毛于背部，鱼不去鳞。祭时放在青石上，猪、羊放两边，鱼、鸡放中间，其他供品用豆腐干、百叶、水果、蜜饯、仙茶等。

湖神护佑行船平安吉祥

太湖渔民、船民过去大多是文盲，所以他们所知道的湖神，得之于口耳之间的世代相传。无锡太湖之滨与浙江吴兴，邻县宜兴等沿湖城镇，相邻相连，一水皆通。和渔民少不了渔船一样，旧时农产物品运输往来，商贾都与运输船只有关。从业于运输的湖中大小船只上的船民和渔民都虔诚信奉保佑湖上舟行安全的神祇。这位神明的大名为"赤脚黄二相公"。当时附近石埠尽管建有妈祖庙，可是在湖中行驶船只的船民及渔民，却还是相信当地神祇，把所有的安全信仰给了赤脚黄二相公，祈祷他保佑安全。旧时传说，在湖上行舟，一旦遇到风暴危机，就高呼"赤脚黄二相公"来救命。在高呼时，绝对不能漏掉"赤脚"二字，必须"赤脚黄二相公"六字呼全，有如真言一样。呼"赤脚黄二相公"，他就立即前来救助。如果只喊"黄二相公"，而没有"赤脚"二字，那救援速度就会减慢。因为没有"赤脚"二字，他老人家就要装扮，穿衣，着好鞋袜，一副贵公子的样子，好与"相公"二字相称。走路也缓缓地踱着方步。这样一来，救援时间被大大地耽搁了。当他到来时，你的船早已沉没了。故而在太湖中驶船的船老大，无论是谁，都知道这一位神明的特别称呼，不敢简省而呼错。

湖中运输的船只，最虔诚信奉神灵的，是宜兴张渚装运春笋的船只。这些船在无锡市场上被称为"笋朝船"。在春笋上市之际，往无锡装运毛竹笋的笋朝船，在太湖中穿梭往来，昼夜不停。笋从宜兴张渚山中运出，装上船，从西氿到东氿，出乌溪口，进太湖，向北沿湖到达独山门，进五里湖，入大渲口，经梁溪直达西门运河。过江尖横浜口而到莲蓉桥旁的山货行，总算到达目的地，即行卸货。每只船在山中装笋只能装到七八成。不能装满舱，装好即行开船，不论早晚，不管天气，即时出发不能延误。即使大风大雨，天气极端，到了湖中风浪再大，亦要开船行驶，一定要在一日一夜内赶到无锡卸货。绝不可中途耽搁。据运笋的老大说，笋虽然已被从地里挖出，但春笋还处于快速生长期。它本身包含的水分及养料还会继续生长，使笋个头变大。到无锡开舱时，装了七八成的笋船，经过一日一夜，已长成满满的一舱。所以运输时间超过二十四小时，笋会长满甚至胀破船帮。这就是笋朝船必须日夜赶路的原因。航运的顺利已与安全紧紧连在一起。所以中途出了问题，船夫必高呼"赤脚黄二相公"不迭。由于特殊的行驶需要及缺乏行船的科学手段，信奉赤脚黄二相公成为必然的选择。他们对这位太湖之神有着特殊的虔诚的感情。每年春笋运输完成后，在农历五月初五，船家必定集资在独山门黄二相公庙前，演戏数天，叩谢保障平安的神床。

这位太湖之神如此灵验，大家都信奉他，可是没有任何地方文献有记载，一来船民社会地位不高，二来所知范围有限，但是在太湖做运输行当的人却大都是知道的，当然这些都存在于传说中。笋朝船每年农历五月初五都会在独山门旁祭拜湖神，虽然管社山山麓万顷堂右边的庙，庙额清清楚楚地写着"项王庙"三个字。可是太湖中的船夫渔民们，却认为这就是赤脚黄二相公的庙。这已成为船夫渔民坚定的认识。随着时间的流逝，生活方式的改变，湖神庙的废圮，这些都已成为一个久远而说不清的传说了。然而对湖神的庙祀，在太湖沿岸依然香火不绝。

专诸烤"炙鱼"助阖闾登基

"吴"字像条鱼:上面的"口"是鱼头;下面的"天",两横是鱼身,一撇一捺伸出两画的部分是鱼尾。如果是篆体,那"吴"就更像一条鱼了。凑巧的是在无锡方言中,"吴"与"鱼"都是一个读音。而下面讲的故事,与吴与鱼都有关系。话说距今3000多年前的商末,南奔"荆蛮"的吴太伯在无锡梅里,开创了方国勾吴,奠定了此后春秋吴国的基础。太伯无后,传位给弟弟仲雍。这里说明一下:太伯即泰伯,他与仲雍姓姬;"吴"是国名;"梅里"是地名,按字面讲,那就是梅花盛开的地方。在那个时代,梅和盐都是主要的调味品。为了确保故事的真实性,下面就根据汉司马迁的名著《史记·吴太伯世家第一》和《史记·刺客列传第二十六》的有关记载,用白话文接着往下讲。

吴国传位到寿梦时,开始越来越强大,国君称为"王"。寿梦有四个儿子:诸樊、余祭、余眜、季札。季札是位贤人,寿梦想传位给他,季札认为不可。有鉴于此,吴国在该时间段的王位继承,由"嫡长制"变为"兄终弟及",俾便最终由季札继承王位,以了却父王寿梦的夙愿。公元前527年,吴王余眜逝世,本应继承王位的季札为了避让却"逃去"。这样余眜的儿子姬僚被立为王,世称"王僚"。这引起了如按嫡长制本可成为王位继承人的诸樊儿子姬光(公子光)的不满。所以他私下里招纳贤士,准备袭击王僚。此后,公子光接受伍子胥的推荐,将勇士专诸招纳门下。

公元前514年春，吴伐楚，却被楚军断绝了后路，于是由王僚的两位儿子率领的吴军一时无法回国。公子光认为发动政变的时间已到。就在这年的夏历四月丙子日，他事前在地下暗室中埋伏了身穿皮甲的士兵，然后去请王僚到家中赴宴。王僚的警惕性很高，自王宫至姬光的府第，沿途都有手持长兵器的亲兵作护卫，又有亲戚围绕左右作贴身保护。宴会中，姬光推说自己患足疾，避席潜入暗室，指使专诸将匕首藏在炙鱼的腹中进献。专诸赤膊手托炙鱼来到王僚面前，看到这种情况，姬僚一时放松了警惕。专诸趁机以迅雷不及掩耳之势，从鱼腹中抽出匕首，直刺姬僚心脏，姬僚即刻毙命。姬僚的左右杀死专诸。暗室中冲出的伏兵将姬僚的手下全部消灭。姬光自立为王，他就是吴王阖闾，他把专诸的儿子封为上卿。

在传统戏剧舞台上，有一出《鱼肠剑》，演的就是专诸刺杀姬僚的故事。剧中的主要道具，无疑就是"炙鱼"。炙鱼是什么？《辞海》对"炙"的注解是："一种烹饪法，烤。"说通俗一点，炙鱼就是烤鱼。所烤的又是什么鱼？近年来有人专门做过研究，认为藏在这烤鱼中的匕首（鱼肠剑），应该是总长度约为28厘米的青铜短剑。而能够在鱼肚中藏这样长度的短剑，又适合烤制出外焦里嫩、有点酸、有点咸、有点鲜香，因而惹人口水直流、真正"好吃得要命"的鱼，应该是鱼身修长扁平，肉质鲜美的太湖野生白鱼。据专家说，现在韩国就有烤白鱼，但它的历史渊源，因为没有人去考证，所以不得而知。民间传说，专诸是在太湖边上一个叫作"渔庄"的地方学习烤鱼技术的。渔庄是不是渔民聚居的村庄？如果是，那炙鱼不仅仅是迄今最早的有文字记载的"吴地第一菜"，还是最早的"渔家第一菜"。可以设想：在还没有铁锅，而青铜炊具看都没有看到过的那个年代里，渔民们把捕获的鱼直接烤来吃，是最好的方法。像"叫花鸡"那样，虽然"土得掉渣"，却可登大雅之堂。

专诸以烤鱼厨艺，让姬光用尽心机要当上吴王之事梦想成真，如愿以偿；而专诸本人，则在吴地被尊奉为"厨神"，享受着延续千年的香火。

透过太湖渔民对三大神的崇拜，可以看到普通老百姓对幸福祥和生活的诉求、期盼和追求。为此用三句赞语来结束本文。赞曰：

一拜禹王，保佑建功立业、心想事成（保佑读书明理、学业有成）；

二拜湖神，保佑平安出行、顺畅吉祥；

三拜厨神，保佑美食养生、健康长寿。

阿大船菜传奇

> 天上人间造仙岛，阿大船上最逍遥。
> 大碗啤酒搭小鱼，暖风熏醉渔船摇。

20世纪90年代中期，鼋头渚风景区依托三山岛建"太湖仙岛"，我负责文化一块，所以要常去工地转转，中午就在工地食堂吃饭。工匠师傅们胃口都好，去晚了饭菜经常告罄，于是，就到停靠在三山码头的阿大船上"吃白食"。阿大夫妻俩好客，好酒好菜招待，我过意不去，就写了篇千字文《阿大船上尝湖鲜》，登在《无锡日报》1996年6月6日第6版上。"六六大顺"好日子，此后听说常有上海游客去阿大船上尝鲜。近闻阿大船菜"鸟枪换炮"，特作小诗志贺。

上面是开场诗，下面讲故事。

无锡人吃鱼讲究有头有尾，象征连年有鱼，吉祥如意。讲故事也要有头有尾，方能让你听得有滋有味。我们故事的主人公，是江苏省非物质文化遗产"太湖船菜"的市级民间传承人李阿大，而今天故事的主题是阿大船上（娘）八大碗，同样要从头说起。先说无锡话里的"船上"和"船娘"。在无锡方言中，"上"和"娘"谐音，都读"让"。是"船上"让位给"船娘"，还是"船娘"让位给"船上"，一时还真说不清楚。但说不清楚还是要说，因为阿大烧菜的本事（领）与"船上""船娘"都有关。不过这"娘"不是妈妈，而是奶奶。无锡人把奶奶叫作"亲娘"或者"老亲娘"，阿大的烧菜本事，恰巧就是船上的亲娘教的，而且如果要把太湖船菜说清楚，就要先把船菜的前世今生说清楚。它的前世，同样是"船上"和"船娘"缠不清楚。

说到这里，我们先要弄明白一条道理：船菜必定与游船有关，而游船必定与停靠游船的码头和游览目的地有关。停靠游船最理想的码头应该在哪里？应该在繁华的商业市口。无锡最繁华的商业市口原来在哪里？从唐代开始，就在与大运河紧密相关的无锡城老北门，也就是今天的胜利门到莲蓉桥一带。在古代，莲蓉桥与皋桥、亭子桥并称无锡三大桥（清名桥是后起之秀，辈分要低一点），所以莲蓉桥俗称"大桥"，这繁华的商业市口就叫作"大桥下"。那么，游船到达的目的地在哪里？在无锡古代即已名闻天下的风景名胜就是有1500多年历史的惠山寺，1200年历史的"天下第二泉"和500年历史的寄畅园，它们合成了今天的5A级景区惠山古镇。所以无锡最早的游船叫"游山船"。今天红梅市场的身底下，原来有条大运河的支流"游山船浜"，游山船在晚上就停靠在条河浜里。在古代，从无锡城里乘游山船到惠山白相，到庙里烧烧香，磕磕头，一来一回也要大半天时间，所以中午在船上吃饭就最方便，于是乎船菜应运而生。这船菜的大厨由谁来担当呢？

在清代中期，无锡出了个有名的诗人秦琦（1766—1821），他是北宋著名词人秦观的后裔，是先后做过五个部的尚书和寄畅园第一代园主秦金的九世孙，是中共早期领导人秦邦宪的五世祖。他所著的竹枝词《梁溪棹歌一百首》中，有一首《游山船》，共四句二十八个字："游山画舫碧窗纱，篾篾湘帘半面遮。欲试船娘调膳手，天妃宫外是儿家。"大家听明白了吧？这游山船的大厨是"船上"的"船娘"，"船上"还是"船娘"就开始缠不清楚了。游山船从莲蓉桥出发，进入大运河，再从黄埠墩旁边的大运河另一条支流惠山浜溯流而上，形成了一条当年无锡的经典黄金水道：宋代的大文豪苏东坡，明代的江南才子文徵明，清代的康熙、乾隆皇帝都通过这条黄金水道去惠山白相的。由于大运河不仅仅是中国古代南北交通的主动脉，又是南北文化交流的主渠道之一，所以无锡的"游山船菜"或者叫作"运河船菜"，就或多或少受到运河沿岸南北菜系的熏陶。

无锡自古人杰地灵，人才辈出。聪明的无锡人与时俱进，把无锡从古代的农业大县，发展为号称"小上海"的近代著名工商城市。无锡的旅游生态也从此发生深刻的变化，运河船菜开始过渡为"太湖船菜"。从鼋头渚横云山庄园主杨翰西在《横云景物志》所作的记载看："西人游艇俗名白相船，以光宣之季、民国初元为最盛。其时……西人之以圣诞来游者于项王庙、鼋头渚之间，舳舻相望，夏日更有泊一二星期避暑者。"这段记载说明：住在大上海的洋人来无锡太湖之滨度假旅游的历史可追溯到100多年前。1906年7月，沪宁铁路开设的无锡火车站通车营业；同年，无锡士绅捐建横跨大运河的通运桥（1927年改建为工运桥）以改善火车站至无锡城区的交通。以此为契机，这里形成了该地区公、铁、水接驳联营的繁忙景象。由此无锡游船从"游山"渐变为"游湖"，即从火车站下车的游人，在工运桥码头换乘游艇、画舫、轮船，经大运河、梁溪河、蠡湖而达太湖，太湖船菜后来居上，声誉鹊起。而太湖船菜的"基因"，也因吸收了运河船菜、本帮锡菜，以及以"太湖三白"为代表的水产类菜肴，变得越来越丰富。对于后两点，这里各举一个例子做说明：在上面所说的游山船浜的浜底，原有一座十分有名的百年本帮菜馆聚丰园，在船菜的发展过程中，发挥过积极作用。而鼋头渚的旨有居菜馆（今横云饭店前身），据1934年黄希豪编著的《鼋头渚导游录》记载：该菜馆"肴馔精洁，鱼虾鲜美。所仿制的大名湖醋熘鲤鱼，扬州绿杨村白汤鳝鱼尤著名"。而作为太湖船菜重要分支的民间渔家菜，这时也悄悄发酵，对太湖船菜发生潜移默化的作用。这话有根据吗？还确实有。最经典的案例是：江苏省非物质文化遗产太湖船菜的传承基地，一是从旨有居菜馆华丽转身的横云饭店，二是今天大家慕名而来的阿大船菜。

　　因为讲故事要有头有尾，所以讲起来就会远兜远转。现在既然已经转到阿大船菜本身，这里就再简单补充两句。阿大家世代打鱼为生，他的烧菜本事是隔代由老亲娘也就是奶奶教的。阿大的老亲娘是第一代，阿大是第二代，但问题是一来辈分乱了，二来阿大是男子汉大丈夫，与"船娘"两字不搭界。怎么办？阿大把他的本事传给他的太太燕燕，这样，一下子就把关系捋顺了：阿大的老亲娘是第一代，阿大是第二代，燕燕是第三代。如果从"船娘"的角度看，燕燕是老亲娘的嫡亲孙媳妇，又是老亲娘的再传弟子，阿大船菜的第三代传承人，可说是顺理成章，而且"船上"和"船娘"又"合二为一"，圆满结合，高度融洽。用现代的眼光看，阿大是船菜公司的董事长兼厨艺总监，燕燕是亲自动铲刀的行政大厨，夫唱妇随，标标准准的中国气派、中国风格。说了半天，阿大船菜的味道到底怎么样呢？因为这是最主要的啊！我们用两句话做高度概括："不吃不知道，吃了忘不掉。"下面，我们按顺序，把阿大船上（娘）八碗菜，一碗一个故事讲给大家听，以助酒兴。

一样白虾三样吃

"太"字怎样写？"大"字多一点，所以"太"比"大"要牛一点，号称三万六千顷的太湖，就是比较牛的大型湖泊。但"太湖三白"除白鱼比较大一点以外，银鱼、白虾都是小鱼小虾，为何太湖出小鱼虾呢？俗话说深水养大鱼，太湖平均水深2米还不到一点，所以湖中的水产，就只能"大中见小"了。当然，这仅仅是讲故事人的猜测而已，要想知道正确答案，那就只能去问造物主，也就是老天爷了。由于上述缘故，太湖三白为浅水鱼虾，依靠水面的溶氧进行呼吸作用，造成了"三白"出水就死的特点。但有人不同意，说银鱼确实买到的是冷链食品，但菜市场上鱼摊头的白鱼、白虾不都是活得好好的吗？这话不假，但鱼贩子都明白，那养鱼、虾的水里是有"花头"的，是放了化学药品的。归根到底，想要吃原生态、纯天然的活的"三白"，就只能到像阿大这样的渔船上去找。为什么？因为渔船上自有他们的诀窍。什么诀窍？这是商业秘密，就不好透露了，希望得到大家的谅解。在"阿大船菜"中，一样白虾三种吃法：吃活的醉虾，吃活着水煮的白虾，吃活着晒干的虾干。第一，是挑大的白虾吃活炝醉白虾，味道可以和进口的生鱼片媲美，如果两者有什么区别的话，那就是各美其美，互有特点而已。第二，活着水煮的白虾，吃的是原汁原味。第三，白虾干可以剥开洋，且听下回分解。

油余梅鲚少不了

太湖三白和梅鲚鱼，号称太湖水产的"四大金刚"，这是因为这四种鱼虾，在太湖水产中产量最高，所以在太湖船菜中，梅鲚鱼同样是标配。梅鲚鱼的个头细小，身子又扁，这种鱼做油余爆鱼最合适，如果做得好，那种酥香入味可以让人连头带尾和着骨头一起嚼，一个字：香！正因为如此，梅鲚鱼雅称"凤尾鱼"，把它当成了凤凰的羽毛。大众食品一旦和文化挂上钩，让你刮目相看。一次，一家赫赫有名的熟食大公司老总，带了一包油氽凤尾鱼到阿大船上比拼。他临走时，那包爆鱼一条未动，全部留给阿大，让他送人。那么，阿大船上的油氽梅鲚鱼或者叫作油氽凤尾鱼真的那样好吃？其实这中间的奥妙从下锅时的分量多少、油温高低、时间长短，到秘制调料的配方和配制方法等等，全凭大厨的功夫、经验。中国美食和外国快餐不同，外国快餐经过精确计量后，用机器规模生产，千店一味；而中国美食，同样的食材、名称，一千个师傅做出一千种味道，所谓戏法人人会变，各有巧妙不同。阿大培养出来的燕燕，让这条小小的梅鲚鱼，变成天上凤凰的羽毛，绝了！

清蒸白鱼怎样烧

随着经济社会发展，现在的无锡，高级酒店宾馆遍地开花。而在20世纪五六十年代，要说上档次的，可能太湖饭店是一枝独秀。这家饭店里的蒸白鱼，无论是清蒸还是糟香，都是一绝。要说这白鱼的来源，那就是阿大家的渔船。为啥偏偏选上阿大家？原因很简单：阿大家世代打鱼为生，活动范围就在三山岛也就是今天的"太湖仙岛"一带，晚上渔船就停靠在岛上，而无锡太湖所产白鱼，以三山附近所出的最好，三山离太湖饭店又不远，特别是阿大家老实诚恳，讲信用，这点很重要。你想：当时没有手机，渔民也没有哪一家有本领去装只电话，所以太湖饭店向阿大家买鱼，靠的是事前约定。也就是隔夜把明天需要的白鱼的品种、规格、数量等讲妥，再约上什么时间取鱼。这样阿大家就会准时完成头道工序，也就是把活蹦乱跳的白鱼活杀，搭上适量的盐或酒糟卤起来，太湖饭店的汽艇准时到达，运到厨房，就立刻上蒸笼蒸。由于程序样样件件拿捏得恰到好处，蒸的火候、时间又精准把控，所以太湖饭店清蒸白鱼的鲜，糟蒸白鱼的香，还有口感的弹牙嚼劲都好得没有话说。这也是阿大船菜中，清蒸白鱼为什么特别好吃的真正原因之所在。

银鱼馄饨有奥妙

用水产品做馅心的馄饨，最常见的是虾仁馄饨和蟹粉馄饨，现在江阴又多了一个刀鱼馄饨。在过去，高档酒楼有一种虾仁馄饨，用青鱼肉披成薄片做皮子，剥太湖青壳虾的虾仁做馅心，用童子鸡吊的鸡汤做馄饨汤，这种鲜上加鲜的"三鲜"虾仁馄饨究竟好吃到什么程度？讲故事的人没有吃过，所以只能说好吃到不知道的好吃，但阿大船上的银鱼馄饨同样用水产品做馅心，却又好吃又接地气，这里面有什么奥妙？这奥妙的关键就是：活银鱼要现剁现包，让馅心的软嫩鲜香和皮子的硬扎滑爽形成最佳匹配，又把鱼腥味降到了最低限度。如果活银鱼一时不凑手，用尖嘴鱼做馅心也很好，这鱼的学名是什么我不知道，但它的形状就像鲎条鱼头上多把刀。银鱼馄饨原来名不见经传，仅仅是渔民翻翻花头调剂一下口味而已，现在却成为太湖船菜的标配，阿大功不可没。

野生鳜鱼肉头紧

俗话说：大鱼吃小鱼，小鱼吃虾米。鳜鱼吃荤，是吃小鱼长大的。所以肉质鲜美，尤其是野生的，就像古诗里说的那样"桃花流水鳜鱼肥"。在吃鳜鱼的时候，不要漏掉了鱼头两边两块像豆瓣一样的鱼肉，那是鳜鱼身上最好吃的东西。有一个民间故事，说的是有一个土豪，偏偏喜欢附庸风雅。一天，听说某著名菜馆有道"豆瓣汤"异常鲜美，就想去尝尝鲜，回来可以做做吹牛的资本。到了店里，偏偏遇到的堂倌是个势利眼，一瞧是个土巴佬，打心眼里就瞧不起。当听土豪说要点"豆瓣汤"时，就翻了翻白眼，说："你吃得起？"大体上人有个特点：越是有钱的就越说自己没有钱；而土豪就最怕别人说自己没钱，恨不得天下人都知道自己是个有钱的大好佬。所以这土豪就拍拍鼓鼓的腰包道："来碗双料的。"堂倌心想：这样的肉头不斩，自己反倒成了猪头三，就换了个笑脸说道："请坐！"土豪连汤带水把一大碗"豆瓣汤"喝完；结账的时候，吓得伸出去的舌头缩不回来。堂倌一把拉着土豪把他带到厨房，指着地上一大堆挖去"豆瓣"的鳜鱼说："你要是嫌贵，就把这堆豆壳带回去！"故事说到这里，请大家吃鳜鱼先吃豆瓣，否则，阿大、燕燕要拿去烧"豆瓣汤"了。

开洋焖蛋食材好

要问为什么阿大船上由船娘燕燕烧的开洋焖蛋特别好吃，

这里只说一半原因：食材好！你想：开洋是活着晒干的白虾里面剥出来的，那蛋同样特别讲究。过去，渔船上都养鸭子，船摇到哪里，鸭子跟着船游到哪里，乖到呱呱叫。晚上，渔船靠岸，白天吃饱了小鱼小虾小螺蛳的鸭子们爬上湖滩睡觉。天亮了，鸭子下湖游泳，渔民在湖滩上能捡到一箩筐的新鲜鸭蛋。像这样就地取材的开洋焖蛋，好吃是正常的，不好吃才奇怪。现在鸭子不养了，阿大就去找吃活食的散养草鸡蛋，以确保食材品质不走样。这故事就讲到这里。有一句话说得好：吃着鸡蛋好，就想去见见生蛋的老母鸡；同样的道理，吃着鸭蛋好，就要去见见生蛋的老绵鸭。下面开讲关于鸭子的故事。

乾隆要吃本地鸭

从公元1751年到1784年的三十多年间，乾隆皇帝六下江南，每次经过无锡时，都要在无锡转一转，白相白相。在这期间，两江总督高晋编了一部名叫《南巡盛典》的书，把乾隆皇帝南巡的行踪忠实地记录了下来。那么这两江总督的官有多大呢？他的管辖范围包括今天的安徽、江西、江苏、上海等三省一市；他的权力有多大呢？是"上马管军，下马管民"的封疆大吏。我们今天生活的地方，当时就在这位高总督的管辖之下。在《南巡盛典》中，收录了一幅乾隆皇帝在无锡的巡游线路木刻图，图中有一处御码头，就在今天清名桥历史街区的日晖桥旁边。在这座桥的附近，原来有一个芦苇塘，它的名字很牛，叫"圣塘里"，这"圣"字是神圣的"圣"字。话说乾隆皇帝在日晖桥上岸后，信步走到了圣塘里，看见芦苇塘里有一群鸭子、白鹅很是可爱，十分欢喜。这群鸭子、白鹅的主人姓薛，他听说皇帝喜欢，就立马挑了几只肥鸭进献。乾隆品尝后龙心大悦，就重赏了薛家，但认为"圣塘里"的名字太响，就顺口改为"鸭子滩"。皇帝是金口，鸭子滩的名字一直叫到了今天。而鸭子滩的肥鸭也成了当年"年年进贡，岁岁来朝"的朝廷贡品。其实这鸭子并不稀奇，它的老祖宗就是太湖鸭，与我们今天吃到的并没有什么两样，但一旦被皇上看中身价就直线上升。当然，太湖鸭的味道呱呱叫，大家吃过之后，定会得出自己的结论。说起来，这鸭子的故事已流传了两百多年；还有一个故事比这个故事的历史要悠久十倍，这个故事与我们今天的甲鱼有关。

范蠡养鳖听根苗

在两千多年前的春秋末期，经过多年征战的吴越两国，终于迎来了大结局：吴王夫差兵败自杀身亡，卧薪尝胆的越王勾践在范蠡、文种等大臣的辅佐下笑到了最后。战争一结束，作为胜利者的范蠡功成身退，带着趁战乱悄悄从吴王宫出走的西施，隐居在无锡梁溪河畔的仙蠡墩。作为对吴地百姓的补偿，范蠡化名"渔父"，渔民的"渔"，父亲的"父"，意思是能干的渔民，破天荒研究起人工养鱼的方法，并把他的研究成果写成专著《养鱼经》传授给吴地百姓，"种竹养鱼

千倍利"，让他们发财致富。吴地百姓也原谅了他，把他尊奉
为财神。在中国古代，有多位财神，其中最有名的有两位：
一位是文财神陶朱公范蠡，一位是武财神赵公元帅赵玄坛。
流传到今天的范蠡《养鱼经》内容已有残缺，但其中关于养
鳖，也就是养甲鱼的那一段，还是完整的，我读给大家听一
听："鱼满三百六十，则蛟龙为之长，而将鱼飞去，内鳖则鱼
不复去。"大体意思是：当人工养殖的鱼满三百六十条，蛟龙
当队长带领它们飞去。如果在鱼池里养甲鱼作为守护神，鱼
就不再飞去。可是现在，因为阿大船上燕燕烧的太湖船菜很
好吃，这三百六十条鱼都飞到在座各位的肚子里去了。甲鱼
急了，怎么办？干脆化成这道菜，同样飞到大家的肚子里，
把鱼儿们看管起来，看你们往哪儿飞！

今天大家在阿大船上吃到的船菜，前面六碗是地道的渔
家菜，那是江南人喜欢的"六六大顺"。接着的两碗大有来
头，把皇帝和财神爷都请出来了，这是广东人喜欢的"八"
（发），恭喜发财！现在讲健康养生，又奉送两只时令绿色蔬
菜，那就十全十美了。故事讲到这里，希望大家喜欢听。谢
谢大家！

省级非遗"太湖船菜"
在横云饭店生根散叶开花

近代的无锡太湖之旅,滥觞于清末民初,即19世纪末叶至20世纪初期。当时,鼋头渚一带尚未做风景开发,保持着山外有山、湖中有湖、山村错落、渔歌唱晚的淳朴状态。先是有一定数量的居住在上海的洋人,租船在此度假休闲过圣诞节,当地村民把这种船称为"白相船"。与此同时,到此游山玩水的文人雅士也逐渐多起来。例如:历任金匮、无锡(清雍正间,无锡析为金匮、无锡两县,民国后仍合并为无锡县)知县的廖纶在光绪十七年(1891)农历正月初八,偕友人乘小轮船游览鼋头渚,即兴在临湖石壁上,摩崖题书"横云"和"包孕吴越",即为经典案例。此后,随着沪宁铁路设无锡站,火车站之南原"老渡口"兴建了方便火车站至县城交通的通运桥(工运桥前身),该地段渐次发展为公(长途汽车)、铁、水接驳联营的交通枢纽和商贸繁荣之地,不啻为无锡被誉称"小上海"举行了奠基礼。在此期间,太湖之滨的管社山万顷堂、充山南麓鼋头渚的横云山庄、中独山的子宽别墅和小蓬莱山馆,以及太湖别墅、陈园、郑园、锦园,以及蠡湖之滨的蠡园等相继建成。于是在清代兴盛一时经大运河及其支流惠山浜去惠山游览的游山船,逐渐被经大运河、梁溪河、蠡湖去太湖鼋头渚一带游览的汽艇、画舫、轮船等所替代。以游船为载体的"游山船菜"随之华丽转身为"太湖船菜"。

有关资料表明：当年承载船菜的主力船型为画舫。那么，其经营状况如何呢？

1928年10月31日《锡报》载有一桌船菜的有关细节：午餐为冷盆四色，热菜有清汤鱼翅、清炖鸡鸭、生蒸火方、莲子甜羹、扣麻细汤、蟹粉菜心、红烧鲫鱼等七色。晚餐为红烧鱼翅、雪菜虾仁汤、扣麻细汤、蟹粉菜心四味。其价格计船菜钱八十元，船伙酒资四十元，另赏二十元，汽船六十五元，小船十元。从该报道看：船菜的菜品南北兼容，又按客人口味做调整；而价格如按当时物价水平作衡量，昂贵超乎寻常。

又据1943年2月18日《无锡日报》所载《鼋头画舫话沧桑》追忆："游览鼋头渚最妙的方法，莫如乘坐画舫。……个中有王、杨、蒋、谢等家，号称'北里四阀'，……并有水中游艇开往太湖、惠山等处游览，这游艇即是画舫。""舫的构造……分头、中、房三舱，全都髹漆，金碧辉煌；舱中同时可张筵四席：一在头舱，一在房舱，二在中舱。鹢首（船头上）并可设藤椅几榻，偃卧乘凉（舫更宜于夏游），房舱左右，各有小弄，通至后梢，为榜人及烹调手等聚居之处，等于屋内的庖厨。头舱嵌有横额。各题船名，或名兰舟，或名桂棹，或名藕舲，或名仙槎，或名……第一字都暗合舫主芳名，如仙槎的主人就是王巧仙，兰舟的舫主就是杨阿兰……
中舱悬挂名人书画、绣片（梁溪刺绣，素著盛誉，堪与湘绣
匹敌），琳琅满目，美不胜收。……舫中桌椅全是红木，古雅
堂皇。至于饮馔之精，尤为卓绝，一色蟹粉鱼翅，更是南北
著称。"从该追忆看：享用船菜的画舫，布置精雅整洁，陈设
舒适宜人，菜品强调"南北著称"，它们停泊的旅游目的地，
便是声誉鹊起的太湖鼋头渚。

综上所述，太湖船菜应运而生的"天时"是：滥觞于距
今100多年前的无锡近代旅游业；其"地利"是：以鼋头渚为
"硬核"的无锡近代太湖园林集群。但天时不如地利，地利不
如人和，那么太湖船菜的"人和"又是什么呢？人和的核心
是人，人和意味着多数人的和谐。在这点上，我国近代民族
工商业的先驱荣德生带了个好头。1912年，荣德生在无锡西
郊倚山面湖的东山之上，始建梅园。他把梅园作为社会公益
事业，"为天下布芳馨，种梅花万树；与众人同游乐，开园囿
空山"。梅园建成，率先以私园对公众免费开放。受他的精神
感召，继起的由杨翰西建造的鼋头渚横云山庄，位于鼋头渚
东南侧由王心如建造的太湖别墅等一众私家别墅园林，除蠡
园外，均免费对公众开放。这种义举无疑为这些建造在真山
真水间的美丽园林，积聚了旺盛的人气。而人气恰恰是人和
的基础。当时，以船菜为特色的游艇、画舫，多停泊在横云
山庄"具区胜境"牌坊之下的码头前。该牌坊附近有家名叫
"旨有居"的京苏菜馆，受船菜影响颇深。据1934年出版的由

鼋头渚独山村周城小学校长黄希豪编辑的《鼋头渚导游录》载："旨有居面山临湖，额曰坐对清阴。肴馔精洁，鱼虾鲜美。所仿制大名湖醋熘鲤鱼，扬州绿杨村白汤鳝鱼尤著名。"该菜馆"并于净香水榭兼售咖啡、西式茶点"；又接洽"松下清斋古式精美宾馆、涧阿小筑西式宾馆"的住宿业务。以上记载说明：以水产品食材为特色的旨有居虽号称京苏菜馆，却以仿鲁菜和淮扬菜而"尤著名"，这与船菜的南北兼容、"南北著称"一脉相承，殊途同归。究其原因，与太湖园林的游客（食客）来自五湖四海有关。换句话说，是对游客（食客）饮食习惯的迎合；如果拔高一点讲，那就是对天下游客（食客）乡愁的一种尊重。而这种尊重换来了"人气"向"人和"的转换。新中国成立后，旨有居菜馆转制为国营横云饭店。20世纪60年代横云饭店乔迁今址，后又两次分别扩建店堂和船厅。旨有居菜馆和横云饭店的前世今生，与太湖船菜结下了不解之缘。旨有居菜馆的旧址在1980年前后建绛雪轩，与著名的长春桥互为樱花红雨之间的对景。

作为无锡市八大菜馆之一的横云饭店，其对于太湖船菜的贡献，不仅仅是对本帮菜的传承和对其他菜系包括对太湖渔家菜的兼容并收，还在于创新。例如：早在20世纪50年代，就以名厨费锡生的"太湖云块鱼"、名厨金志德的"糖醋活鲤鱼"而负盛名。太湖船菜在2014年列为无锡市非物质文化遗产，2020年升格为江苏省非物质文化遗产，横云饭店均为传承基地，丁益明是省级非遗传承人。这位费锡生的再传弟子（费锡生传华茂德，华茂德传丁益明）认为：太湖船菜在传承过程中，无论在菜品、食材，还是厨艺等方面，都会从实际出发，有所调整、有所创新而与时俱进。换句话说，太湖船菜的传承是一种活态的传承，是在传承基础上的创新，在创新时又不失本分。横云饭店太湖船菜和本帮菜的特色菜肴有：

①**太湖云块鱼** 20世纪50年代，名厨费锡生漫步太湖边，看到天际片片绯红的晚霞映射在波光粼粼的湖面上，被其梦幻般的景象震撼，遂在瓦块鱼的基础上，大胆借鉴西式调料，琢磨并研制出了太湖云块鱼。该菜将青鱼用特殊刀法片成云块状，挂上蛋糊、米粉，入油锅炸至外脆里嫩，外裹以番茄汁，汁浓色艳、甜酸适口、状若云霞。

②**糖醋活鲤鱼** 20世纪50年代初，名厨金志德根据太湖鲤鱼生命力强的特点，研制出了糖醋活鲤鱼。此菜外脆里嫩、酸甜浓郁，尤其在品尝过程中，鱼的嘴巴始终在翕翕而动，独具观赏性，食者无不啧啧称奇。此菜当年也被列为外事接待高档船菜的首选，得到外宾的高度评价。

③**梁溪脆鳝** 又名无锡脆鳝。相传始创于一百多年前的太平天国时期，系惠山直街一姓朱的油货摊主发明流传下来的。梁溪，为流经无锡市的一条重要河流，其源出于无锡惠山，北接运河，南入蠡湖。梁溪脆鳝由鳝丝经两次油炸而成，外观酱褐色，乌光发亮，口味甜中带咸，松脆适口，即使保存几天，也不致发软。口感松脆，味浓汁酸。

④**脆皮银鱼** 银鱼盛产于太湖流域，通体洁白如玉，肉质细嫩少刺，是一种名贵淡水鱼，其质量以太湖所产为最佳。据史料记载，银鱼在我国唐宋时期即已食用。脆皮银鱼系选用优质太湖银鱼经码味、挂糊炸制而成，食时蘸以调料。体态饱满，色泽奶黄，外脆里嫩，鲜美适口，营养丰富。

⑤**菊花鳜鱼** 鳜鱼，是淡水鱼中珍稀品种。秋天菊花斗艳，鳜鱼肥美，古时文人墨客，赏菊斗诗、饮酒唱酬，必点菊花鳜鱼以助兴。口感外脆里嫩，酸甜可口。

⑥**红烧划水** 红烧划水是太湖流域传统菜品，以青鱼尾巴为制作主料。红烧划水的烹饪技巧以红烧为主，口味属于咸鲜型。此菜工艺十分讲究，需经几次颠翻而鱼尾不断，难度很高。菜品色泽红亮，卤汁稠浓，肥糯油润，肉滑鲜嫩。

⑦**莲荷童鸡** 20世纪70年代，无锡特一级烹调师金志德，取荷花池中新莲青荷和江南吊稻童鸡，制成莲荷童鸡这一独具风味的秋令佳肴。荷叶香气扑鼻，鸡肉酥烂脱骨，色呈橘红，鲜嫩入味。莲子、青荷有养心安神、健脾开胃、清热解暑的作用。童鸡则具补气血、益五脏的功效。

⑧**香酥梅鲚鱼** 太湖梅鲚鱼，被誉为"太湖三宝"之一，明朝洪武时起，太祖命每年岁贡梅鲚万斤，故又称"贡鱼"。梅鲚鱼肉嫩味鲜，含有丰富的蛋白质。香酥梅鲚鱼特点：一是香，二是酥，吃起来不用吐鱼刺，鱼肉的口感也非普普通通的"鲜"，而是变得"香"。烹制好的香酥鱼，具有鱼体完整、肉质松软、鱼骨酥香、香而不腻等特点。成品鱼呈酱黄

色，醇香爽口，色味俱佳。

⑨**太湖活炝白虾** 活炝白虾是太湖流域民间喜食菜肴之一，选用鲜活蹦跳的白虾，洗净，用酒精度较高的白酒等调料焖制。此菜要现做现吃，不宜久放。鲜嫩爽口，味觉咸、甜、香。

⑩**四喜面筋** 四喜面筋是一道经典的无锡菜，采用无锡特有的清水油面筋和笋片、香菇等时令鲜蔬烩制而成，颜色有层次，营养全面，口感甜滑。

愚 人 偶 得

园林是我毕生的追求。但无论是退休前还是退休后，所思比所做多，所成更少。可见"愚者千虑，必有一得"之得，得来不容易。而在本板块中，所选文字始于2002年，为什么？这年无锡有一条政策：凡年满五十八岁又未到县处级的公务员，一刀切，离岗退养。我虽然退未能养，但既然到了圈子处，所思范围就该扩大一点，当然所成那就更少了。尤其是近两年的所思，借用佛教语："色即是空，空即是色。"然而，我并个后悔。君不见："可能"总是在"挑战不可能"之后，才成为现实的。

建设五里湖地区要注意保护
十个生态人文景观

原载无锡市政协2002年10月10日《社情民意》第十九期，标题为《建议在发展及经营城市过程中要注意生态保护和人文建设》。

一、北犊山

管社山庄即今梅园水厂，是明末隐士杨紫渊所建的别墅园林（北犊山古称"管社山"）。由于清兵入关后，豫亲王多铎在江南一带实施残酷的屠杀政策，激起民变，民怨沸腾。杨矢志抗清复明，相传曾与甘凤池辈密谋在康熙南巡时行刺，因康熙防范严密，未果。山庄故址内今存杨家祠堂和市文物保护单位杨令茀墓。该处适合作为五里湖北岸的人文景点予以保护开发；而且，其可作为梅园与鼋头渚、锦园之间的链接点。

二、万顷堂

在北犊山南麓之濒临太湖、五里湖交界处。原址先后为湖神庙、禹王庙、项王庙。1915年由杨翰西集资改筑为万顷堂，袁世凯次子袁寒云曾为该堂作联。今存历史建筑有万顷堂、驻美亭等，20世纪90年代初园林部门曾做大修。此处观赏太湖，视角似可与鼋头渚相媲美。

三、中犊山

古称"独山"，是太湖与五里湖交汇处的小岛，古人多作题咏。民国时建有别墅园林小蓬莱山庄等。中犊山与鼋头渚之间，以桥相通，原桥系邑绅为贺钱锺韩之父钱孙卿与钱锺书之父钱基博这对双胞胎兄弟六十大寿捐资所建，故称"二钱桥"；因古字义"钱""泉"通解，按钱先生意见，更名"二泉桥"。中华人民共和国成立后，中犊山上设太湖工人疗养院，又成为人文一景。分析中犊山所处位置，似应在保护原有人文景观，完善全岛交通与绿化的同时，改封闭管理为开放管理，方便游人上岛游览。

四、曹湾太湖鹭鸟天然栖息地

曹湾在五里湖南岸，是鹿顶山北麓的一个山湾，长着茂盛的树林。该处最迟在元代已称为"曹湾"，并沿用至今。据中科院南京地理所的一个中外合作科研项目透露：该地近年来栖息繁衍了17万只以上太湖鹭鸟，是太湖流域乃至整个华东地区最大的鹭鸟栖息地，具有重要的科研价值和观赏价值。

五、西五里湖南部水湾的荷花景观

约在七百年前，五里湖已有盛大的荷花景观。据元王仁辅《无锡志》卷二记载：五里湖北侧大渲、小渲水口之间的大水湾，"里人多植莲芰，于是夏秋之日荷花盛开，弥望不绝。好事者往往返舟汀渚，为烟水之游，以谢炎暑"。而无锡今缺少上规模的夏季生态景观，这对于山明水秀著称的无锡来说，实在是很大的遗憾，所以要做"补课"。五里湖退渔还湖后，能否将今鼋头渚"充山隐秀"沿湖之较小荷花景观，向西侧延伸，形成长达数公里的壮观景色，又以若干水湾作为这种景观的纵深，造就超过杭州西湖"曲院风荷"观赏面积的我市特大夏季水上生态景观系统，为全国优秀旅游城市——无锡增色？同时这对于减轻蓝藻对湖岸造成的视觉污染，也能起到特殊作用。

六、朱衣宝界

为坐落于宝界山某处已淹没的汉代古迹。西汉末，丞相司直（相府秘书长）虞俊，不肯依附篡权的外戚王莽，王许以司徒高官（相当于礼部尚书但职级高于尚书），虞不为利诱，殉国明志，归葬家乡五里湖畔宝界山。光武中兴，刘秀赐朱幡覆虞墓，朱衣宝界，遂成名胜，口碑相传，至今宝界村民尚有知之者。宝界山古称朱山，又名朱墓山，元王仁辅《无锡志》有载。

七、湖山草堂

在宝界山东南麓，著名书画家王问（仲山）建于明嘉靖间的山庄园林。王问、王鉴父子进士在辞官归隐后，长期居于此，著名文学家归有光曾为此作记。故址今存老屋数间，草堂内原有王问撰书的《湖山歌碑》，于1980年迁至鼋头渚憩亭内，现为市级文物保护单位。

由于虞俊墓（确切位置失考）、湖山草堂、北宋知州钱绅开凿的通惠泉（水质同第二泉，故名。原来的泉井在拓宽锡惠路时被填废）和建于1934年的茹经堂均在宝界山，该山又是从宝界双虹桥跨过五里湖进入太湖（梅梁湖）各景区的门户，故山体虽小，位置重要，亟待保护控制，勿使造成建设性破坏。

八、石塘·徐偃王庙

徐偃王是周朝早期历史人物。徐偃王庙在石塘山东麓，面对五里湖之长广溪。庙始建于宋，现建筑推测为清末重建。庙前在元朝时，已有以三座小桥连接的长堤跨于长广溪上，连绵达数里之遥。元、明、清时，文人雅士对石塘、徐偃王庙、长广溪、溪山桥堤，有较多吟咏，民间又流传一些传说故事，是五里湖沿岸又一处人文渊薮。由于该庙已近于荒芜，如再不保护，很快将被"新景"淹没，造成无法弥补的损失。

九、高子水居（可园）

遗址原在濒临五里湖的"鱼池头"。系东林党首领高攀龙建于明万历年间的水上别墅园林。高隐居在此时，常驾车先至宝界山对岸的村庄停放车辆，然后摆渡至宝界山麓，再去鼋头渚湖边"濯足"。今高攀龙停车处的村庄仍名"高车渡"，鼋头渚的明高忠宪公濯足处亦为著名古迹。可惜至关重要的高子水居遗址，已遭破坏。补救之计，能否在附近重建水上园林"可园"，作为园林景点，以延续已经被人为割断的历史文脉？

十、西施庄

传为范蠡送西施去吴宫途中，在无锡的停留习礼场所，故址在无锡"水东四十里"。在元、明、清时，名人题咏甚多。已湮没。在做五里湖景点建设时，似可结合范蠡偕西施泛舟五里湖的传说，虚拟其景，而作薪尽火传。

打造"鼋渚赏樱"国际著名旅游品牌

沙无垢　史明东　滕世宝

（原载《江南晚报》2018年7月15日A12版）

花因人艳，人逐花潮。春赏樱，秋赏月，四季赏山水，正成为"鼋渚之旅"新常态。樱花很美，但人车很挤，故美丽乐章中也有不和谐的音符。以问题为导向，商讨解决之道，就是本文要旨之所在。因为一方面要将鼋渚赏樱打造成国际著名品牌，确实在内涵和外延上都有优化提升的必要和空间，另一方面让游人顺畅游园又是优化提升鼋渚品质的题内应有之意。

一、有关赏樱历史的回顾

樱花原产中国，早在唐代时就在园林中栽植。白居易（772—846）有诗赞"小园新种红樱树"。而"樱花"作为专用名词则见于李商隐（约813—约858）的"樱花永巷垂杨岸"诗句。也是在唐代，日本遣唐使将樱花从中国传入日本，并发扬光大，使东瀛的赏花时尚从梅花转向樱花，以至于使人误解把日本当作了樱花的"第一故乡"。

无锡近代园林植樱，鼋头渚不是最早却是最好的。20世纪30年代早期，曾有赴日本考察背景的鼋头渚横云山庄园主杨翰西，在沿湖拦水围堤的基础上，种植了若干垂柳和日本大山樱名种"染井吉野"。1936年，无锡纺织界同仁又在这樱花柳堤上建长春桥祝贺杨氏六十寿辰。驻足在1980年建设的由李正设计的绛雪轩中，可欣赏长春樱堤的繁花如云和长春桥的曲拱如月。特别是轩和堤的景色，因隔水相对又互相更换，从而使两者相互映衬交融而达到完美统一的境界。1981年，著名作家杜宣为此题"长春花漪"，独具意境之美。

20世纪60年代初，我市园林部门就提出在鼋头渚要营造樱花氛围，并付诸实施。70年代，自长春桥至二泉桥已形成较好的樱花景观。1986年，日本友人赠送的樱花被种植在陈家花园（又名若圃，今名充山隐秀）。2001年秋，又将樱花成规模扩展到"十里芳径"的元代古村落遗址曹湾。其间，在1986年，日本友人坂本敬四郎等倡议植中日樱花友谊林，与无锡市人民对外友好协会共同筹建友谊林。于1988年在鼋头渚鹿顶山西南麓至充山东北麓，植樱1500株，并建友谊亭，为今日樱花谷的滥觞。后又建800余米赏樱步道，立"中日樱花友谊林"巨型刻石。2002年在樱花林内建赏樱楼台为地标建筑。2008年底独山村整体搬迁后，樱花林踵事增华、景观益胜。至2010年3月26日樱花谷建成时，鼋头渚计有樱花68个品种、3万余株，覆盖面积达65万平方米。形成"长春花漪"和"樱谷花语"两大核心赏樱区，在长春桥至二泉桥一带，"充山隐秀"和"十里芳径·曹湾"亦有相当规模的樱花景观，奠定了今日鼋渚"樱花之旅"的良好基础及发展空间。

二、生态夯基，文化引领，科技促进，倾力打造"鼋渚赏樱"国际著名旅游品牌

只有民族的，才是世界的。这种基于文化自信的理念，可在"鼋渚赏樱"上得到诠解。这是因为鼋头渚有着得天独厚的生态条件，有着"七分天然，三分人意"的造园艺术传统，并有太湖沿岸独特文化资源的滋养，以及旺盛的鼋渚之旅人气指数和开始起步的智能化管理系统等等。所有这些昭示着把鼋渚赏樱打造为国际范的广阔前景。

1. 以"天人合一"提升鼋渚赏樱的人文境界

"太湖佳绝处，毕竟在鼋头。"郭老的这句诗是对鼋头渚造园突出太湖山水之美的赞叹。而中国传统造园艺术恰恰是中国园林对"天人合一"观念的认知和运用，既敬畏自然，师法造化，又鼓励人的主观能动性对自然的和谐融通。故郭老的上述诗句是古今相通的，对我们今天优化提升鼋渚赏樱的人文境界是有所启发的。

据此我们认为可将鼋渚赏樱整合为五大节点及三条主导游线。五大节点的优化提升方向为：

堪称鼋渚赏樱经典之作的"长春花漪"，主要是加强樱花养护和文物建筑保护，贯彻"保护第一，永续利用"原则。

目前赏樱面积最大、樱花品种最多的"樱谷花语"，强调樱花与自然山水的珠联璧合，方向为"湖山红樱，梦里水乡"及以瀑布、溪涧、池潭、湖口贯通全谷水脉。曲水流觞，潺湲生情，且与太湖碧波美景消息相通而取事半功倍之效。

对于20世纪六七十年代初步形成的长春桥至二泉桥樱花景观带，做进一步的渲染。沿湖补充绿植，高阜栽樱，洼处植柳，以李商隐"樱花永巷垂杨岸"诗意来造就此地"柳浪闻樱"佳境。并将长春花漪、樱谷花语、柳浪闻樱三点连线，由线及面，鼋渚赏樱必在此"心潮逐浪高"。

曹湾是鼋头渚"十里芳径"的中途站，这里的樱花景观，宜与乡土建筑相映衬，将白居易"小园新种红樱树，闲绕花行便当游"诗意，化作"曹湾樱雨"现实图画，以勾起乡愁乡情。

步入鼋头渚充山南大门，即为按观赏植物园格局造景的"充山隐秀"片区，其前世今生都以植物取胜。此地的樱花景观，宜以"若圃樱梦"作为发展方向。即确立樱花的优势种群地位，又与其他百花匹配生情。而此地又有如群蝶翩飞的花菖蒲园，可比作庄子梦蝶、蝶飞花丛而活色生香。

（三条赏樱路线将结合后述展开。）

2. 以地域民族元素丰富"樱花节"文化内涵

自2003年开始每年举办的"樱花节"，对于提高鼋头渚樱花游的人气指数作用不小。但从文化角度看目前水平，在"特色"二字上尚有不小提升空间。如接地气注入地域民俗元素，就不失为丰富樱花节文化内涵，彰显其特色，增添其魅力的有效途径之一。而在时间上与樱花节相互交集的，就有农历二月十二"花朝祈福"和三月三"上巳踏青"等。

3. 关于智能化管理问题

2011年，鼋头渚风景区数字监控系统即投入使用。当前更该随着科技进步而对该平台做升级改造，以进行园林遗产信息保护、管理技术、旅游管理系统等等的数字化实施。尤其要强调全域和全过程覆盖，突出安全监控、质量监控，增加预示、提示、警示功能等。总之，鼋头渚以游客为本的服务理念，其自身的保护和发展等，都应该随着科技进步而进步。

三、交通瓶颈的疏通之道

鼋头渚建园100年来，随着道桥等基础设施逐步改善，其对外交通，由一靠乘船、二靠摆渡，演变成今日东西向走充山南大门，南北向走犊山大坝及犊山大门的基本格局。平时尚可，一到赏樱季节，人来车拥，两门均堵，堵车数小时已成常态。缓解之道在于多渠道疏通：一可在管社山至中犊山的老渡口之上架人行天桥，这样从梅园方向乘临时区间车至管社山的游客，经天桥、中独山沿湖步道、二泉桥，直达鼋头渚樱花谷；二可在南大门外充山停车场至山水东路之间，开辟第二通道（单行线），以疏散部分返程车流；三可恢复早已停航几十年的锦园至鼋头渚轮渡，以开辟精品水上赏樱线及紧急情况下的抢险、抢救快速通道。此外，已启动建设的地铁4号线（此线与地铁1、2、3号线可换乘）设有蠡湖大桥站，待通车后，不妨分别在蠡湖大桥公园、鼋头渚水景园建高速游船码头，这条靓丽的水上风景线，将对缓解鼋渚赏樱的交通压力起重要作用。

　　游人顺畅来园后，还要解决顺畅游园问题。所以鼋头渚在形成前述五大赏樱节点的同时，还要形成三条赏樱游线或环线作为其先决条件。

　　1. 赏樱古道（内环线）　目前赏樱游人从太湖佳绝处门楼，经长春桥、鼋渚灯塔、震泽神鼋，至澄澜堂，再沿坡道回到门楼，客流最挤。该游线形成于20世纪30至80年代，比较成熟；缺点是忽略了充山西面坡横云山庄早期文物建筑的观赏功能，以及没有发挥已有近百年历史的鼋头渚首条游览道（弹石路面）在今日赏樱中的引胜、引导作用。建议修复并拓宽该游览古道，路边夹植高大樱花树，修缮或重建沿途文物建筑，并将该古道延伸穿越竹林后，顺道经在建的五星级厕所、江南南苑、樱谷花雨、柳浪问樱，至长春花漪，形成串联三大赏樱节点的内环线。

　　2. 赏樱山道（中环线）　穿过山辉川媚牌坊，游过柳浪问樱、长春花漪的游人可在澄澜堂继续前行，从广福寺、小南海的山路逐级而下，至樱谷花语，再经人杰苑馆、赏樱楼台、友谊亭，从亭旁折向鹿顶迎晖下山道，于双鹿路标附近的小山冈逐级而下，沿着以樱花作为行道树的山道下行，至曹湾欣赏樱花林及树下的二月兰。曹湾路口为十里芳径，向西至樱谷花语，向东南至充山南大门。建议在小山冈建一组兼有点景及导向功能的休憩亭廊，以引导游人。

　　3. 赏樱步道（外环线）　始于山辉川媚牌坊前面的小广

场，穿越樱谷花语的赏樱步道，经抱秀桥洞，可达充山隐秀。路口接十里芳径，其东为水景苑，向北经曹湾去樱谷花语，向南去充山大门，此即外环线。该线路导向性明晰，游人不少，但嫌过于平直，故应沿路设置若干以樱花为背景具有点缀画面作用的休憩亭台，方便游人小憩、观赏拍照，以生动的小景致让游人以照片或视频与朋友分享。

无锡市荣氏文化遗存宜串珠成链

本文是笔者在 2020 年 3 月 15 日，为无锡荣德生企业文化研究会代拟的递交给无锡市政协的提案稿。原标题为《关于弘扬国保"荣氏梅园"文化底蕴，促进我市特色工商文旅市场发展的提案》。

吴文化、运河文化、工商文化是独擅我市特色的文化三宝，它们在全国重点文物保护单位"荣氏梅园"交集相融而为其底蕴之所在：早在 3000 多年前，泰伯自"周"奔吴，在"梅里"建都，而江南方言之梅里，说白了就是梅花盛开的地方。据《左传》记载，"盐梅"是当时的重要食材，"以烹鱼肉"。1912 年，荣德生以"实业救国"积累的资金"计划社会事业"，建梅园"为天地布芳馨"。吴泰伯、荣德生虽然对待梅花的用途有所不同，但他们强调以"德"来开拓、振兴经济社会的家国情怀，却殊途同归，文脉相承。梅园主建筑"诵豳堂"之名，为荣德生"自拟"。而"豳"地恰恰是周部落早期活动的地方，他们的先祖就是我国的农业、医药之神后稷；而农村是荣氏企业的原料所在地和广阔市场，在这点上可说是"心有灵犀一点通"。众所周知，荣氏在无锡的企业均建在大运河无锡环城古航道和梁溪河沿岸，没有荣氏企业就没有荣氏梅园。故无锡文化三宝堪称荣氏梅园文化底蕴之基础所在。

中国园林界对于江南园林有一种说法：明代园林看苏州，清代园林看扬州，近代园林看无锡。而在无锡众多近代园林中，跻身国保的仅荣氏梅园一家。如放眼全国近代园林，能蒙荣氏祖孙那样情系一园，即荣德生兴建梅园，荣毅仁赠献梅园（1955年荣毅仁遵父亲遗嘱，将梅园捐赠政府，并相信梅园由政府管理"则内部布置是必更为绚丽灿烂"），荣智健提升梅园（梅园建园100周年前后，荣智健襄赞巨款，修复园内敦厚堂，新辟腊梅园和荣氏梅园纪念林，使梅园达到万树梅花、三千桂花、三千腊梅规模，为提升梅园境界和园艺水平做出了重要贡献），而传为百年佳话的，也仅仅荣氏梅园一家。所以荣氏梅园的文化价值在原真性、完整性、唯一性方面堪称独树一帜。

由于荣氏梅园诞生于特定的社会历史条件下，其中凝结着荣氏家族对中华民族所做出的贡献，贯穿着一条"爱国反帝跟党走"的主线，所以其蕴涵的红色文化资源是十分丰富的。1985年7月1日，荣毅仁同志光荣加入中国共产党，他的入党介绍人是习仲勋同志和乔石同志。1985年又是荣德生诞生110周年，时任中央政治局委员、书记处书记，中央分管统战工作的习仲勋同志为此题词："德生先生一生致力于发展民族工业，热心兴办文化和公益事业，爱国反帝，奋发向上，人所共知，人所共仰。"为我们今天在荣氏梅园开展红色文化之旅指明了方向，也是弘扬荣氏梅园深厚历史文化底蕴的主旨所在。

需要指出的是，与荣氏梅园所拥有的文化资源相比，目前在其挖掘、弘扬、展陈、推介等方面，无论从内容到形式，从深度到广度，都还有相当的提升空间。而这些问题的解决，对于整个梅园的增质提效和文旅融合，都会起到相当的促进作用。所以，弘扬荣氏梅园文化底蕴的必要性毋庸置疑。

以上为就荣氏梅园本身而言。如能换一个角度，即站在全市的高度，以弘扬荣氏梅园文化底蕴为契机，进一步促进与荣氏家族有关的，且已基本列为各级文物保护单位的众多在锡近代民族工业、公益文教事业的遗存（遗址）、故居老宅的科学保护、合理利用，必将对我市工商文化旅游市场的开拓，起到别开生面的作用。其综合效果或效应大体可按点、线、面三个层次做拓展。

点：荣智健先生认为，"荣氏文化就是梅文化"。此说点明了荣氏梅园的精神境界和感召力。所以其文化底蕴的弘扬，将使这里真正成为荣氏文化的展示地、企业家的朝圣地、老百姓的纳福地。

线：以弘扬荣氏梅园文化底蕴为契机，有选择地将与荣氏家族有关的在锡工业、文教、公益、旧居、园林等的遗存（遗址）串珠成链，形成内涵丰富、理念一致、形式多样、个性鲜明、系列化、接地气，具有独特魅力的参观游览线。这条游线以我市荣德生企业文化研究会近几年来成绩斐然的研究成果为学术支撑，必能以高水准、高质量、高丰满度的精神风貌，博得满满点赞。

面：上述游线各点，基本分布在环城古运河、梁溪河、蠡湖、太湖沿岸，具有"水为纽带，青山作屏"的环境特点。特别是21世纪以来，我市先后实施的整治蠡湖、梁溪河、环城古运河水环境及治理太湖蓝藻工程，使这一广袤区域的环境质量得到全面提升。例如梁溪河两岸的带状公共绿地，小桥流水，鸟语花香，使其与沿岸众多的居民小区共同构成了全新版的"江南水弄堂"。所以如能将上述游线做到融情入景，景情相生，珠联璧合，美美与共，就能获得精神文明建设和生态文明建设双丰收的殊胜效果。

针对以上点、线、面所做考量，兹提出两项建议：

第一项关于点的问题。经我市荣德生企业文化研究会资深专家们对荣氏梅园文化底蕴的深入研究，特别是一年多来的多次研讨和反复修改，已形成较为成熟的弘扬实施方案，其中包括"红色之旅"从实际出发的宣讲资料及游程设计。目前处于蓄势待发阶段。若请市里出面协调，当能四两拨千斤，水到渠成。

第二项关于线和面的问题。由于线上各点目前分属多家分头保护、利用、管理，而在面上又会遇到与已有规划相互衔接等问题。所以要形成一个线与面有机融合，各相关部门或单位能够良好联动、互动的机制，需要请市里出面编制一个接地气、可实施的专项规划，作为解决该问题的起点。

蠡湖如有十里荷花可成美丽无锡动人新笔

本文是笔者在2021年1月初，为民进无锡市委员会代拟的递交给无锡市政协的提案稿，原标题为《关于彰显"蠡湖十里荷花"文化底蕴，为创建美丽河湖"无锡样板"增光添彩，并借以促进蠡湖景区生态文明建设和文商旅融合发展的提案》。

我市创建美丽河湖"无锡样板"明确要求，到2022年，"争取打造两三条名冠全国的示范河湖"。并认为，"除水环境整治，沿河沿湖景观提升是美丽河湖建设的另一浓墨重彩之笔"，为此要"挖掘水文化底蕴，讲好水故事，绘好水画卷"。我们认为：如果能够在蠡湖充实、完善、优化、提升"十里荷花"景观，此举将成为把该湖打造为"名冠全国的示范河湖"的"硬核"措施，并以此为契机，整合该湖及周边的资源优势，激发其潜质、潜能，以促进该地区的生态文明建设和文商旅融合发展，特别是在开拓"旅游夜市"方面，将起到举足轻重的作用。

一、蠡湖具备弘扬无锡荷花之独特历史文化底蕴的潜质

1. 西施故事的荷花片段 《中国花经》载，我国观赏荷花历史始于2500年前吴王夫差为西施修建的以赏荷为主题的玩

花池。而蠡湖因范蠡、西施于此泛舟而得名，21世纪初，我市又在蠡湖中心位置建西施庄。

2. 有文字记载的"无锡水上赏荷之旅"已有1100多年历史 事见南宋咸淳二年（1266）编修的《重修毗陵志》卷十五"山水"之"无锡"所载：晚唐著名诗人皮日休、陆龟梦与常州名士魏不琢三人，以欣赏无锡芙蓉湖（原名无锡湖，后因湖中盛产荷花而名芙蓉湖，按：荷花又名水芙蓉）的荷花为旅游目的，买"五泻舟"载酒赋诗，自无锡芙蓉湖、"入震泽（太湖），穿松陵，抵杭越"，传为美谈。

3. 元代时蠡湖曾有盛大荷花景观 据王仁辅（元代无锡大画家倪瓒的老师）在元至正年间（1341—1368）编修的《无锡志》卷二"山川"记载，其时蠡湖的"大渲淹、小渲淹"有盛大的荷花景观，邑人"为烟水之游，以谢炎暑"，距今已有六七百年的悠久历史。

二、蠡湖得天独厚的山水环境，具备绘好"十里荷花"美丽画卷的空间条件

1. 诗化山水可绘"十里荷花"美丽画卷 自明代开始，无锡人就把蠡湖比作杭州西湖，强调其诗情画意之动人、宜人。而北宋著名词人柳永《望海潮》所咏虽为钱塘（今杭州境内）景色，但其中对于山水、植物、夜色的描绘，所云"重湖叠巘清嘉，有三秋桂子，十里荷花。羌管弄晴，菱歌泛夜，嬉嬉钓叟莲娃"之词境，可以在太湖鼋头渚和蠡湖景区一带得到艺术再现。这是因为此地"湖中有湖，山外有山"

的清新淡雅之境，与"重湖叠巘清嘉"高度吻合；植物之景，"三秋桂子"已有，只剩"十里荷花"有待补笔；至于最后两句，如果在蠡湖及周边开拓旅游夜市，是可以"不似钱塘，胜似钱塘"的。

2. 以科学态度和艺术眼光审慎绘就"蠡湖十里荷花"美丽画卷 那么，蠡湖放得下放不下"十里荷花"呢？蠡湖原名"五里湖"，东西实际长约6公里；如果再加上鼋头渚"藕花深处"和"长春桥畔"的池荷，管社山庄的湖滩之荷，锦园待恢复的四大莲池之荷等，容纳"十里荷花"之景，在空间上是绰绰有余的。当然，统筹兼顾蠡湖的生态平衡（水生植物的荷载要与水体的面积、体积成一定的比例关系，方能最大限度地改善水质）及水利、航运等诸多因素，蠡湖的"十里荷花"之景不是"满湖莲叶无穷碧"，而应该是"疏密有度，聚散有致"。此语的前半句应该出自科学的考量，后半句出自对风景构图的艺术考量，以便用留白处（留出蠡湖大片水面）去触发游人的丰富想象，所谓"虚实相生，空白处皆成好景"。

3. 扬长补短把四季生态园林的动态美景写入蠡湖长轴画卷 无锡旅游有个特点，那就是旅游旺季与盛大花卉景观紧密交集，高度相融，所谓"人逐花潮，花拥人浪"，勾勒出一幅《无锡旅游盛景图》。无锡有四季名花，所以该盛景图就有了四季的动态变化。但必须指出的是：如果某种名花因限于数量而未形成优势景观的话，那么就会成为该盛景图中的短板。以此考量无锡"名花之旅"，如果能补笔"蠡湖

十里荷花"的短板，那么就能谱写出一曲动听的《无锡景·
生态园林四季歌》：

> 春天什么样？樱花对接梅兰芳，杜鹃映粉墙。
> 夏天什么样？绿水十里荷花荡，岸边柳丝长。
> 秋天什么样？三秋桂子扑鼻香，菊花傲风霜。
> 冬天什么样？满目青山数红妆，腊梅又怒放。

以上所说实际就是时间与空间的问题。那么，该时空碰
撞的火花，能否"引爆"蠡湖景区文商旅融合发展，生态、
社会、经济效益全面提高的人气特旺的旅游市场呢？

**三、以"十里荷花"为契机，整合资源优势，开拓蠡湖
景区，全面提升生态、社会、经济综合效益，文商旅融合发
展新路径**

1. 以水美、岸绿的相互叠加，创造1+1＞2的生态效益
我市21世纪初期的蠡湖整治工程，已形成环绕蠡湖的新老景
点珠联璧合的长达38公里的公共园林绿化带。而蠡湖西南侧
的笔架山、宝界山（琴山）、鹿顶山及余脉"小山头"、充山
（南犊山），以及蠡湖西北侧的中独山、管社山等等，经新中
国成立后，多年来的持续不懈的山林绿化和抚育管护，已形
成青峰翠嶂、逶迤不绝的绿色屏障。如再叠加以"十里荷花"
为特色的蠡湖美丽水景，这种占地广袤、覆盖全体的绿水青
山，本身是一轴无与伦比的中国式"青绿山水"画卷。其生

态文明程度之高，文化含量之丰富，历史底蕴之深厚，是不言而喻的。

2. 提升蠡湖老景点的品质，以促进其社会效益的大幅提高　兹以蠡园为例简述之。无锡的风景生态园林以有众多的"专类园"，包括梅园的梅品种国际登录园，惠山古镇景区（锡惠公园）的中国杜鹃园、菊花圃、吟苑（原为花卉盆景专类园），鼋头渚的江南兰苑、花菖蒲园等等，而享誉海内外。其中梅花、杜鹃花、菊花、兰花被权威机构（组织）命名为"国字头"的保存观赏植物种质资源基因库，赋予其科学价值。在这方面，如能在蠡园已有碗莲、缸莲、池莲的基础上，再补上湖莲一笔，以形成数百个小、中、大荷花品种的完整系列，那么蠡园将既是"著名的江南水景园林"，又是"著名的荷花专类园林"，让无锡的梅花、兰花、杜鹃花、荷花、菊花这中国老百姓喜闻乐见的雅俗共赏的"五朵金花"，为无锡争得更多的国内、国际旅游市场份额。

3. 开拓夜间经济，做强旅游市场　"十里荷花"景色建设促进蠡湖景区经济效益快速增长，特别是开拓夜游市场，来促进这里夜间经济的发展。而旅游市场的优胜劣汰，说到底是环境与文化的比拼，以及在现代化条件下对市民及游人的人文关怀。在上文中，我们已分析了蠡湖景区的环境与文化问题；而所谓的人文关怀，则是要营造着眼当前、面向未来的，具有相应文化氛围和艺术品位的，市民和游客可触可感的有一定温度的消费场景。对此，我们从交通组织、硬件设施、民俗活动等三个层面做分析。

　　旅游旅游，旅是前提，游为目的。鼋头渚与蠡湖景区，唇齿相依，原已是市民、游人的热门"打卡"地，尤其是"樱花季"，道路交通的拥堵问题，大家记忆犹新。那么，蠡湖新添"十里荷花"后，是否会加剧该瓶颈问题呢？第一，赏樱、赏荷存在时间差，而赏荷正是为了使赏樱之后的淡季变旺。第二，鼋头渚近年来仅在樱花节、渔人节、中秋国庆期间短暂开放夜游，难以形成强大的夜游气场；但补上蠡湖"十里荷花"的短板，就使这一带的赏樱、赏兰、赏荷、赏桂、赏红叶形成自3月上旬至10月中下旬的高潮迭起、延绵不断的花潮客流，不仅使日游趋旺，更为开拓长达8个月的夜游提供了难能可贵的前置条件。而日游与夜游的结合，恰恰能产生交通的"错峰效应"，这就同时为缓解日间的交通压力创造了必要条件。第三，这里的交通问题，主要与陆路交通有关，而赏荷之旅恰恰是水上之旅，在蠡湖坐船观景，一路上原本临水布局的新老景点，如蠡湖大桥公园、摩天轮、湖滨饭店的滨湖景观（原为老蠡园的一部分）、蠡园、双虹园、宝界桥、蠡湖中央公园（原"欧洲城"）及对岸鼋头渚的水景苑、十里芳径、十里芳堤等等，就是一道亮丽的让人目不暇接的水上风景线。而且计划在2021年年底前开通的我市地铁4号线设有蠡湖大桥站，与该地铁站毗邻的蠡湖大桥公园已建游船码头，如能在此基础上开辟"水上巴士"，实现这里的"公（公交）铁（地铁）水（水上巴士）"的无缝驳接、链接，形成完整的"绿色出游"体系，那么其不仅仅是蠡湖夜游的强有力的支撑，又是缓解此地日游交通压力的一大福音。

毋庸讳言，开拓夜游市场，硬件设施是必要前提。但如着眼现有资源的整合、完善，激发其潜能，此问题便可迎刃而解。例如，蠡湖中央公园，系在原"欧洲城"基础上改建而成，此城遗留下来的面积可观的建筑群、广场和道路系统可作为夜游、夜市的主营场所；紧靠犊山大坝、北接环湖路，邻近管社山庄的"渔人码头"，占地18万平方米，且设施齐全，无需改造即可作为夜游和夜市的辅助场所或者备用场所。又如：宝界桥东北块的水上舞台和西施庄的戏台等，现状实际使用效率不高，如果作为夜游、夜市的演艺中心，则可物尽其用。

生命在于运动，旅游在于活动。蠡湖及周边地区，历史上曾有过的民俗活动，健康有趣，丰富多彩，且多数与水有关。包括：①农历二月十二为百花生日，故称此日为"花朝节"。此日，太湖沿岸果农，乘船去鼋头渚花神庙祭拜花神（女夷，又称百花仙子），祈求水果丰收。谚云："花朝晴，百果熟。"郭沫若1959年《咏鼋头渚》诗有"女夷舞袖留"句，赞花神庙。②农历三月三，上巳口，军嶂山真武庙会。是日中午时分，参加庙会的众百姓聚集在长广溪葛埭桥两岸，观看"摇快船"比赛，盛况空前。③春蚕"上山"结茧时，蚕农乘船去中独山，"上山"至山顶的蚕神庙祭拜蚕神，以求吉兆。④农历五月初五，端午节的龙舟赛，在明代时，就有邑人认为应放在五里湖（蠡湖）一带，称"蠡湖竞渡"；抗战前，这里曾举办过规模不小的龙舟赛。⑤农历五月初五，又是太湖渔民祭拜湖神（俗称"赤脚黄二相公"）的日子；此日，装运宜兴春笋的船民亦会聚集在中独山、管社山之间的"水门"一带，祭拜此神，祈求保佑行船安全。⑥农历六月二十四，"荷花生日"，吴地有倾城出动乘船去荷花荡赏荷习俗。张远《南歌子》曲云："六月今将尽，荷花分外清，说将故事与郎听。道是荷花生日，要行行。粉腻乌云浸，珠匀细葛轻，手遮西日听弹筝。买得残花归去，笑盈盈。"⑦农历八月十五"中秋节"前数日傍晚，附近村民有到中独山一带"荡湖船"习俗。⑧农历九月初九"重阳节"（敬老节），蠡湖沿岸群山，均是登高好去处。这些活动，经过"恰当"包装，均可为今日所用。

综上所述，此举作为市场行为，必须注重投入产出之比。但上述各项需投入的主要为两项，即种植荷花与开设水上巴士，余者一般为通过资源整合以激发其潜能。然而，此举"牵一发而动全局"，涉及方方面面，故在"软件"建设方面，特别在精准施策、精心组织、精心管控和服务上，则需花费大量的精力和人力。

致春元：萃园擘画之推敲

由无埃转来的材料，已悉。阅后总的感觉很好。如果说还有一些需要做推敲的，归纳为六个问题，说点看法如下：

一、可讲故事的命名立意

取名之重要，不仅仅在于符号意义，尤重内涵意蕴。于造园，则关乎园之旨趣。考"萃园"之名，意谓将已消失的常州五个古代、近代名园，复建荟萃于一园。而荟萃之优者，被誉为出类拔萃。证之造园，凡出类拔萃之园，类多自擘画以至施工阶段，都做反复推敲，以求优化提升。以此观照萃园规划，故作此文，以求教于春元先生。

近学《周易》，"萃"为六十四卦之一，坤下兑上，"泽上于地"，意思是说大地之上有水泽。而萃园以"一池三岛"为构图中心，与萃卦之象，灵犀相通。至于造园"一池三岛"的做法，滥觞于汉之上林苑：武帝为求长生不老，好神仙术，故于上林苑建"一池三岛"，以象征蓬莱仙境。中国造园，有法无式。法则不变，式样求变化之妙，以有自己特色的为上品。萃园当以上品视之。又，萃卦的卦辞为："萃，亨。王假有庙，利见大人；亨，利贞，用大牲吉，利有攸往。"译成白话：萃卦，通顺。因为王到了宗庙，而见到大人物是有利的；通顺，因为占问的事是有利的，即用大牲口（牛）做祭祀的供品是吉利的，有所往则有所利。这说明：建萃园是关乎社会福祉的好事，更是大运河国家文化公园（常州段）的重要组成部分，是吉祥有利的。

至于"萃园"之上是不是还要冠之以"菱溪"？我认为：常州作为已有2500年历史的"江左名区，中吴要辅"，号称"三吴重镇，八邑名都"，如果市级公园冠名"菱溪"，可能压不住；而把"菱溪"作为区级游园的冠名，则妥。所以，我觉得以具有相当历史渊源的"龙城"作为大运河畔的大园的冠名，可能更为合适一些。何况乾隆六下江南时，曾三次驻跸常州天宁寺，御笔亲书"龙城象教"匾额给该寺。"龙城"指常州，"象教"指佛教（佛教以佛、法、僧为三宝），可见"龙城"作为常州的别称，在历史上是曾得到乾隆皇帝认同的。当然，即以"萃园"为名，亦无不当。而且，这对于今后此园附近道桥、社区、公交地铁站台、商业服务设施等等的冠名，都有一定的指向性。

二、山水相融的总体布局

萃园为五个庭院合成，每个庭院代表一个古园，如能按山水相融、景情相生之理做整体布局，即可传承优秀传统文化且有所创新而为人接受。试述之：

萃园的园基，西临菱溪，北濒大运河；整体坐北朝南，地势平坦；系纵向大于横向的近似长方体。如按山水形胜的要求看，园子的东北及东部，应呈现冈峦起伏、山势逶迤、乔柯掩映、春花烂漫的山林风貌。且以山脚向中部延伸而与

"一池三岛"，即有大、中、小三个岛屿的人工湖融洽生情，借以奠定全园山水之总体格局。据此，宜将浚湖所得之土，与用本地黄石堆叠的"石包土"假山，取得土方的平衡（挖湖堆山）。又以山湾水坞之山环水抱之势，妙得水石交融之情。故该处园景，约略与"古木森远，绿翠层叠"的原"洛原草堂"神似。且借以屏挡城市红尘，而借来溪河清新之境，创造萃园相对宁静、清幽的环境氛围。

园子的东南部，原规划为临街商业设施，甚妥。这里是城与园的结合部，最宜安排酒馆茶楼等美食行业。同时，又寄寓自然式山水庭院于方正的建筑空间之中（屋包园），以得"正中求变"之妙，而为造园特色。"寄园"呼之欲出。

与园子中部有上述以黄石堆叠的"石包土"假山相呼应，原规划于此安排大门朝南的建筑中轴线，并与湖中大岛以桥相连。由此中轴对称的建筑空间融入自然的山水空间之中，"变中求正"（园包屋），奠定了全园特色鲜明的江南园林体势风格，妙极！我意：该中轴线长度，约略为全园长度的三分之二较为妥当。大岛之上宜建作为地标的楼阁建筑，以提升全园气势；且登阁凭栏，园之内外美景，靡不历历在目。湖内的中岛为水广场，以桥与大岛相通，辅为聚散之地。小岛构湖心亭，游离水中，游人可望而不可即，但舢板可达，以增情趣。综观该处，体现了回归自然的快乐，与原"归乐园"的造园旨趣，消息相通。但原园为独乐，今则为众乐，抚今追昔今胜昔，归乐园的境界，得到了与时俱进的极大提升。

园之西及西北部，可按水石交融以体现园景特色，即以灰白色、青白色的太湖石作为"硬核"置景，而湖石院、水石院，实为江南园林的题内应有之义；又配植金桂、银桂为主栽，而寓原"石园"之意蕴、情趣。园之西北角，为菱溪与大运河交汇处，故园景不妨临水、贴水、压水而构，以因地制宜，因势利导而引揽水光、水景、水情、水趣为宗旨，借以呼应原"菱溪草堂"，则圆融矣。

三、四季分明的生态环境

园林的山水，是景观，又是园内植物、建筑及道、桥、广坪等设施的载体。以人做比喻，则有园林以山为骨架，水为血脉，植物为肤发，建筑为脸面，其最优者为"点睛之笔"的说法流传。而在尤重生态环境的今天，对于园内"绿"的考量，无论是量还是质，都提出了更高要求。有关方面也出台了相关的规范。萃园虽有因是恢复占园性质，而古园一般有建筑较多的特殊性；但在规范面前，人人平等。所以，其总的绿量不能低于"地板"，质量则不设"天花板"。当然，也有一些化"硬"为"软"的做法，例如以绿门、绿墙、绿亭、绿廊等等替代砖木，都值得提倡。

对于质的提升，我意：既然已擘画四时之景，不妨在绿植上强调四时的季相、色相变化；还要在传统文化中找出相关案例。例如：归乐园以"玉（玉兰）、堂（海棠）、富（牡丹）、贵（桂）"突出其高雅气质。石园在"三秋桂子"的基础上，再辅之以"霜叶红于二月花"。北部的冬景区，以"松竹梅岁寒三友"强调其风韵之美。故萃园的绿植，不仅要考虑品种的搭配，还要通过精心管护，令其悠然有画意。

对于萃园的生态环境，我想以一联一匾述其要旨。联云：浚湖润园曲水萦带将绿绕；叠山推窗平岗回接送青来。匾曰：绿水青山。

四、巧于因借的风雅建筑

唐杜牧有诗云："凿破苍苔地，偷他一片天。白云生镜里，明月落阶前。"说的是园林凿池为鉴，以水作镜，将园子天上人间的种种美景，倒映入池，取得事半功倍之效。萃园中部的人工湖，便是杜诗这种意境的体现。同时，该人工湖为拟恢复的五园做绕水而构奠定了基础。这种做法，与扬州瘦西湖景区之诸园绕湖而构相仿佛。这对于五园整体境界的提升，以获致各美其美，美美与共的和谐融洽，起到了无可替代的作用。

又，园林的风格是由建筑决定的。所以我国在评定各级文物保护单位时，把园林归入建筑类。以此观之，五园虽园名、园景有别，可以各擅妙致，但在建筑风格上必须统一，即统一在江南水乡建筑小桥流水、黛瓦粉墙、绿树人家的素雅风格上。全域与局部，合中有分，分中有合，不能自行其是。

明计成（无否）所著《园冶》，是我国造园专著的开山之作。其《兴造论》所言"园林巧于因借，精在体宜"至今被视为经典。这十个字包括两层意思：一是因地制宜的借景，二是因地制宜构得体、合宜之景。借景的要旨是"园虽别内外，得景则无拘远近……俗则屏之，嘉则收之"。考萃园所处环境，外借除水景外，余者有较大局限性。而邻借、仰借、俯借、应时而借等等，都是园内景观之互为借资，由于园中有曲水湾环的人工湖所形成的丰富的水面层次，有假山与人工湖的融洽生情，有各单体建筑之高低参差、错落有致，都为种种互借提供了有利条件。而构景的要旨，在于"宜亭斯亭，宜榭斯榭，不妨偏径，顿置婉转，斯谓精而合宜者也"。其法则有"景到随机""得景随形""相地合宜"等等。如人之有经络，其穴位便是点景佳处，针灸之深浅轻重，便是建筑的淡妆浓抹总相宜。

我国著名园林古建筑学家陈从周教授《说园》谓："园林中的大小是相对的，不是绝对的，无大便无小，无小也无大。园林空间越分隔，感到越大，越有变化，以有限面积造无限空间，因此大园包小园，即基此理。"陈教授的论述，不啻是萃园包五园的最好说明。至于分隔之法，可以是山水，可以是绿植，可以是墙垣（用门窗做通透），如以曲廊为之，尤擅似隔非隔之妙。

五、移步换景的游览线路

门者，路之由也。门是道路的开始，于园林则是游线的开始。而园门的特殊性，还要求"涉门成趣"（《园冶》言）。我意：萃园的门有三个，分别为南大门、水西门、东便门。它们各有何趣？进南大门，是归乐园也是整座萃园的主轴，有"庭院深深深几许"之慨。水西门在大运河与菱溪交汇处，为坊式建筑，坊之外是由大运河而来的游船码头，坊之内则是游人工湖的舢板码头；而就大运河而言，萃园是市民和游人的共享绿色空间，水脉即文脉，水路即财路，强调文旅融合发展；入门，则"四面山光接水光"的诗情画意扑面而来。东便门在"石包山"的假山及临街商业设施（内有寄园）之间，入门，假山之麓横亘在前，这种"开门见山"的做法是为了"障景"，以免园景一览无遗，所谓"景愈藏则境界愈大"，而绕过山麓，景色豁然开朗，"山重水复疑无路，柳暗花明又一村"的情趣扑面而来。有了这样引人入胜的良好开端，入门之后移步换景之"景"如何营构？1959年6月10日建筑泰斗"北梁南杨"即梁思成、杨廷宝先生应无锡之邀，造访锡惠公园，梁先生当年即席发表的意见，为我们今天擘画萃园的园景指明了方向，"我认为中国庭院很像中国画手卷，不可能一眼把它看完，必须一段一段细看，它是一个连续的风景构图，人们在园林中游玩是流动的，有着时间与空间的变换关系"（引自《无锡园林志》）。对于时间与空间的认识，依据"文化昆仑"钱锺书先生在《管锥编》中的观点：时间是诗情，空间是画意。

六、底蕴深厚的文化布置

《红楼梦》第十七回讲到大观园内"工程俱已告竣"，贾政带着宝玉和一帮清客相公去园内为建筑题写匾额对联。贾政说："偌大景致，若干亭榭，无字标题，也觉寥落无趣，

任有花柳山水，也断不能生色。"可证匾联是中国园林的精
神所在，园子有没有"书卷气"，境界高不高，与此关系极
大。陈从周教授《说园》认为："过去有些园名……都可顾
名思义……亭榭之额真是赏景的说明书……而对联文字之隽
永，书法之美妙，更令人一唱三叹，徘徊不已。"现在人们
常说：造园同样要文化引领。而以上所引《红楼梦》和《说
园》中的相关描述，对我们应该是有所启发的。又因为萃园
系荟萃洛原草堂、寄园、归乐园、石园、菱溪草堂之遗韵而
构筑，故将这五个园子原来的匾额对联，各自移用至今天恢
复的有关小园内，又有助于唤醒人们对这五个园子的历史记
忆，可谓一举两得，何不乐而为之呢？①

沙无垢

2021 年 1 月 8 日

---

①注：沙春元，1944 年农历二月十九日生，常州人。1967 年清华大学建筑
系本科毕业后，即回常州致力于家乡建设凡半个世纪。系第九届全国人
大代表，1992 年起享受国务院特殊津贴，教授级高级规划师、国家一级
注册建筑师，原常州市规划国土局副局长兼总工程师，市规划设计院原
院长。因我们都是唐皇赐姓的回族毗陵百寿堂沙氏后裔，为续修《毗陵
沙氏宗谱》事相识。2021 年春，由他主持续修的该《宗谱》工程，历时
十年，圆满收官。在为此而举行的宗族会议结束时，他将同样由他主持
编制的在 2020 年 6 月完稿的《常州菱溪公园策划方案》（该园后拟名"菱
溪萃园"）发给我，希望我能说点看法。我在认真研读该《策划方案》
后，特撰上文致答。

关于打造美丽无锡"滨水绿道"之建议

　　经过我市对水环境坚持不懈地综合整治，特别是近两年来高质量地全面推进美丽河湖行动，在全流域范围内，已有不少地方成为"水清，岸绿，景美，人乐"的让无锡老百姓特别具有幸福感、获得感的宜居、宜业、宜创的优美环境地带。而如果能以此为基础，经过精心梳理，进一步以整合、完善、提升为路径，就可因地制宜事半功倍地打造一条"以青山为屏、水为纽带，贯通全域、覆盖城乡、文旅融合、天人合一"的独具无锡山水特征和吴地文化、山水文化、运河文化、工商文化融洽有情的长约上百公里的滨水慢行系统，即"城市绿道"。其意义不仅仅是以生态文明为"硬核"的市民福祉，又是国际化的与海内外游人共享的城市客厅。这样的一条城市绿道，不仅仅在长三角地区罕见，即使在全国范围内也可以独树一帜并成为样板之一。

　　经过实地考察，查阅文献，并结合多年来的工作实践，我认为这条滨水绿道的基本方向是：以市民广场的尚贤河湿地为起点，向南经贡湖湾湿地入太湖；从贡湖湾湿地沿太湖南岸步行不多远为水口"壬子港"，由此向北经王子港、洪口圩，进长广溪国家湿地公园，入蠡湖国家湿地公园；由此湖大渲口北接梁溪，折而向东接续世界文化遗产"中国大运河·江南运河无锡城区段（包含黄埠墩、西水墩二处）"；在清名桥南侧的伯渎桥接伯渎港，一路向东接伯渎河，再入梁鸿国家湿地公园；该湿地的东面，北有荡口鹅湖，南有与苏州共有的界湖——漕湖（系古太湖的一部分，相传范蠡曾在此湖训练水军）。

　　得益于低山丘陵和太湖平原造就的山水间错、河港畅达的无锡地形地貌，钟灵毓秀水土养育的无锡人所创造的风采斑斓的历史人文，滨水城市绿道无论从纵向的时间看，还是从横向的空间看，都是处处有生动故事的流光溢彩的长轴画卷。先说纵向，逝者如斯夫的时间，在上述水系及两岸保存至今的数以百计的遗址、遗迹和物质、非物质的文化遗产，涵盖了从史前文明，吴越春秋及战国，秦汉及魏晋南北朝，隋朝时疏浚开凿的江南运河，"唐、宋、元、明、清，从古说到今"的风景名胜，堪称无锡最大、系统性最好的"露天历史博物馆"。再说横向，从市民广场，清旷野逸的尚贤河湿地，重湖叠巘、浩森烟波的太湖，山色溪光的长广溪，风雅健美的蠡湖，梁溪人家枕河而居的现当代"水弄堂"，到环城运河古今辉映的都市风貌，伯渎港、伯渎河所穿越的生机勃勃的田园风光，梁鸿湿地交织的吴越史迹，堪称各美其美，美美与共。

　　那么，既然这么好，还有什么问题需要解决呢？一句话："万事俱备，只欠东风。"毋庸讳言，因上述水系覆盖城乡，今属多家地区、部门或者集团公司管辖，因此这众多的责任主体虽然都有各自较好的路线图和时间表，但如立足大局，就难免或多或少缺乏整体的协调链接，完善优化，特别是结合部位的品质提升。这就是所欠的"东风"，即本建议的核心。作为已在这方热土上生活了将近80年的"老无锡"，我真诚地希望让无锡老百姓和广大游客早日走进这轴美丽的天然图画。

林 缘 拾 得

　　林缘，园林的缘分，园林的
边缘。循名质实，本板块所选的
文字，就包含了这两层的意思。
因为是拾来的，就有了点"捡到
篮里的就是菜"的味道。我却依
然认为捡到篮里的应该就是菜。
比如美食，吃到嘴里的是美食；
吃剩倒掉的，马上就是垃圾了。
美食与垃圾的区别，全在一念之
差的顷刻之间。证之佛教《心
经》，心里默念"不垢不净"。就
此打住吧……

元栖碧先生《黄杨集》识语

《黄杨集》作者华幼武（1307—1375），字彦清，号栖碧，是生活在元中期至明初的无锡诗人。他的父亲华铉，仕元为都功德使司都事。华幼武六岁时，父亲病逝，由母陈明淑将他抚养成人。元至正二年（1342），陈明淑被元顺帝旌表"贞节"，人称"华节母"。华幼武的祖先华宝，是南齐建元三年（481）被齐高帝旌表门闾的"孝子"，事迹载入《南齐书》。而华氏的远祖可追溯至殷商时帝乙的庶子微子，孔子曾赞扬微子、箕子、比干为"殷有三仁焉"。因此，无锡华氏以仁孝立本，是有着悠久的家族渊源的。华幼武从小受着这种传统道德的熏陶，并以此来规范自己的行为，使他同样以孝行而著称乡里。

华幼武好读书，但未应科举。据《华氏金粟传芳集》载："元时，丞相周伯琦征之仕，不应；入明，徐天德相国有旧，征之，一见即归。"因此华幼武是以处士终其身的。他性情温厚，待人谦恭，热心慈善事业，又喜结交文人，使他得到了极好的口碑。元至正十三年癸巳（1353）家园毁于兵火，举家迁徙，先后在苏州一带及太湖水网乡间漂泊流离，时间长达十几年之久。直到明初，方返回家乡无锡。因老宅荒芜日久，迁居堠阳（今无锡市坊前镇），至逝世。

据俞贞木撰《栖碧处士圹志铭》载，华幼武"雅好吟咏，自壮至老不衰，寒暑忧乐不废"。他的诗，以杜甫为法，诗境温柔敦厚、"清妙绝尘"（都穆语），又"句不苟造，章不漫成，锻炼组织，务去其粗鄙而求雅丽，不溺于富贵秾茂，不偏于于山林枯槁"（俞贞木语）。其前期之作，于写景、言事、酬友，多自然真切、淡泊闲适之情，似带有"苦家居无事，益以诗自娱"（陈谦语）性质。癸巳兵火后，在"寄迹如萍梗，漂流无定居"（华幼武《至正庚子二月十日舟中作》句）的际遇下，"两鬓秋容老，孤吟夜气清"（华幼武《和元翚韵》句），便多了凄清萧然、意味深远的况味。

《黄杨集》之名，系华家塾师陈方（子贞）所题。其意为："黄杨之为木，遇闰岁则厄而不长，彦清能不为闰所厄，则干霄耸擎，予将承其余阴之下矣。"华幼武卒，其次子华贞固（1341—1397）手编其遗稿，凡六卷五百余首，有陈方、陈谦（子平）、俞贞木作序，华的门人吕纬文刊刻于明洪武二十年丁卯（1387）。该丁卯本后散佚。明季，裔孙华五伦（子虚）收集流散的华幼武诗，得二百八十余首，其数约丁卯本之半，编为三卷，又补遗一卷，重刻于万历四十六年戊午（1618），华察（子潜）撰《重刻黄杨集后语》，华五伦作跋。戊午本在崇祯十四年辛巳（1641）再版，华允成（凤超）作题识。时人陈继儒因此说："先生因以黄杨传也，黄杨以子虚传也。"今南京图书馆藏有戊午本。

清乾隆三十七年（1772），钦定开馆纂修《四库全书》。

浙江鲍士恭家献《黄杨集》（戊午本），见《四库全书总目》别集类存目提要。20世纪90年代，《黄杨集》（戊午本）收入《四库全书存目丛书》，影印出版。

清光绪三年（1877）裔孙华翼伦（数学家华蘅芳之父）据明季《黄杨集》刻本再次刻版刊行，并撰《续修黄杨集后跋》。今无锡市图书馆藏有该本。

在明洪武丁卯本刊刻前，华贞固手书华幼武诗作一百余首，是为《黄杨集》写本。包括陈方作序的《黄杨集》和陈谦作序的《续黄杨集》。陈谦序于至正十一年（1351）十一月十三日，但《续集》所录诗作多数为至正十二年及以后的作品。由于写本中有四十余首诗，为明季、清末刊本所未有，因此在历经六百多年的风雨沧桑后，流传至今的《黄杨集》诗作共有三百三十余首。

这里有必要对《黄杨集》写本的流传经过作追述。写本第一次从华氏手中失去后，于明弘治八年乙卯（1495）由华贞固七世孙华顺德以重金购回，名士祝枝山、文徵明、唐伯虎、都穆等题跋。明季，写本再失，流入无锡秦家，因秦双（德滋）为华氏外甥，故复归华允诚。清初，写本第三次失，于嘉庆二十三年戊寅（1818）华孟超自"书估舶"（书贩的船）购回。清末，第四次失去的写本，为华翼纶（获秋）购得。嗣后，写本为华绎之先生收藏，1948年携至台北寓所。

此外在明季，"文心慧业，世承风雅"的华子虚在刊刻《黄杨集》之余，请聂大年、王锡爵、文震孟等名家十人，书录《黄杨集·养浩斋杂咏》花卉诗十首。清又有六人书录《黄杨集·补遗》之花卉诗四首、《养浩斋杂咏》花卉诗三首。该明清十六人书录《黄杨集》花卉诗手卷，后亦归华绎之收藏。

21世纪初，华绎之哲嗣仲厚、叔和、季平先生，为完成父亲暨长兄华伯忠修复惠山华孝子祠的遗愿，往返于美国、泰国两国及中国台北和无锡之间，与笔者多所接触。相商在恢复华孝子祠建筑景观的同时，应抢救保护文化遗产，故将《黄杨集》华贞固写本及识跋、明清十六人书录《黄杨集》花卉诗手卷，一并以华孝子祠成志楼名义影印刊行。此事得到了时任苏州古吴轩出版社副总编辑张维明先生、无锡市图书馆副馆长殷洪女士的帮助。张维明先生等还编撰了《题识者传略》及《明清书录者传略》。

自《黄杨集》于明洪武二十年（1387）初刻至明万历四十六年（1618）重刻，凡二百四十年，自重刻至这次写本影印出版又三百八十五年。这与《黄杨集》著者"不为闺所厄，则干霄耸壑"，而子孙"将承其余阴之下"又何其相似。因作以上赘语，志记。①

①本文原载〔元〕华幼武撰、〔明〕华贞固录、华孝子祠成志楼编《黄杨集》（古吴轩出版社2005年12月第1版）。

序李正著《造园图录》

我认识李正先生已将近半个世纪了，在我心目中，他一直是我尊敬的老师。偶尔，我也为他在文字上帮一点小忙，也作为自己一个学习的机会。他年长我18岁，与我父亲同生肖，都属虎，后来两"虎"成为朋友。父亲兴致所至，曾为李先生的力作杜鹃园和吟苑各写了一篇《记》，并勒石上墙。《记》中对李先生在造园上的非凡造诣，表达了由衷的激赏赞叹之情。我父亲沙陆墟先生是中国作家协会会员，擅长写小说，涉猎范围宽泛，对状物绘景有自己独特的视角。所以他对李先生造园艺术的评价，虽出自文学角度，但并非"隔行如隔山"，反而对李先生造园艺术所达到的境界，有更深更客观的理解。再后来，我也退休了，恰逢无锡市先后整治梁溪、环城古运河这两条"母亲河"，我有幸与李先生一起，忝列整治办公室专家组成员，成为退而不休的同事，但我对李先生的尊敬丝毫未减。所以这次李先生在他的第二本专著《造园图录》付梓之前要我写篇序，我深感自己不够格，便谢辞了几次。但李先生一而再、再而三地力促。我想自己虽然已是"古稀园丁"，总是老老实实地把自己放在学生的地位而不敢僭越，这次就破破格吧，以不能拂了米寿长者的一番盛情为起点，作为再次向李先生学习的一次机会吧。

去年，市里出了一套介绍无锡文化世家的书，名《书香无锡》。该书主编知道我与李先生颇有渊源，就把撰写李先生和他父亲（无锡报业先驱李柏森先生）、兄长（中国社会科学院原副院长李慎之先生）的任务交给了我。于是我写了《水曲李氏三英才》一文，登载在该书上卷第 101 至 112 页。标题中的"水曲"，原来是写成"水阙"的，即无锡南门水曲巷，巷内有"止水祠"，原是明代东林党领袖高攀龙故宅，当年高攀龙投水自尽处。而水曲巷李氏则是南宋抗金名相李纲的后裔。我之所以要突出"水曲"二字，是为了彰显中国知识分子的傲然风骨和不屈不挠的精神追求。而今天，这种风骨具体落实到李先生的身上，就是他对造园事业终身不悔的执着追求，及其对造园风格卓尔不群、独立不羁的品悟和熔铸。我在文中写道："李正是位有个性的造园家，他不会人云亦云，有时甚至会为了某个设计或施工细节与人争得面红耳赤。但他心中始终有把尺子：'岂能尽如人意，但求无愧我心。'退休前是这样，退休后仍是这样。……这把尺子非但量遍了'半出其手'的无锡园林；量到了李正为深圳、苏州、庐山、齐齐哈尔等城市设计的园林作品；还量到了李正于 1983 年为日本兵库县明石市石谷公园设计的明锡亭，1999 年为德国曼海姆市路易森公园设计的中国多景园，以及 1987 年为新西兰汉密尔顿市所作逸畅园立意等等。其中，曼海姆市城市文献档案馆编著的《曼海姆的中国古典园林——多景园》专辑，评价该园，"在欧洲是负有盛名的最美的公园之一"。

我之所以要不厌其烦地重复上面这段话，是因为当我面对李先生用自己全部艺术生命去创造的那充满鲜活生命力的大量园林佳作时，我看到了他不仅仅对造园艺术而是对中国优秀文化传统那种深深的热爱和执着的追求，他在每次造园实践中，都不断地鞭策自己在传承中发展，在发展中传承；我看到了他那种出自心底的对大自然的敬畏和尊重，使他能善待每一个造园基地的每一寸土地，用他的品悟与它们对话，确确实实做到了"巧于因借，精在体宜"，由此设计出来的园中景色，"宜亭斯亭，宜榭斯榭"，是那样地熨帖、典雅，那样地特色鲜明、风光宜人。上面引号中的那些话，出自明末造园家、吴江计成（字无否）所著《园冶》一书。该书开篇，有计成的友人郑元勋写的《题词》，郑氏认为："园有异宜，无成法"，惟"胸有丘壑"者，"则工丽可，简率亦可"，而掌握这种"变化"之妙的计成，自然"从心不从法"，是一般造园者"为不可及"。如果以郑氏言计成的这番话来对照李先生，我认为那是当之无愧的。李先生确是这种"胸有丘壑""境由心造"的造园艺术大师。

值此凝结、积淀着李正先生从事造园实践五十多年来全部心血的皇皇巨著《造园意匠》《造园图录》联袂问世之际，我们除了对李先生致以由衷的祝贺外，更把捧读这两本专著作为最好的学习机会。

是为序。①

---

①本文原载李正著《造园图录》（中国建筑工业出版社2016年3月第1版）。

惠山古镇文脉追溯

一、脉源贯通 全域生动

无锡是山水名城，她的别称是锡山、梁溪，恰好是一山一水。而这山水的脉源都集中在峰峦九曲如龙的惠山。脉源贯通，全域生动。无锡现存最早的方志，是元至正年间（1341—1368）王仁辅编纂的《无锡志》。该志第二卷"山川"谓：锡山"在惠山之东，本惠山之脉也"，并言"后汉有樵客于山下得铭云'有锡兵，天下争。无锡宁，天下清。有锡沴，大下弊。无锡乂，天下济'……又按无锡诸山皆高，锡山独低。地理家言：凡山高者多，则低者为主……俗云：客山高，利客不利主"。孔子曾以山水比喻人的美德："仁者乐山，智者乐水。"仁者有爱心，无锡的"主山"锡山象征着无锡人和平、包容的心态。《无锡志》第二卷又谓："梁溪……发源于惠山之泉，入溪为南北流……凡岁涝，则是邑之水由溪泄入太湖；旱则湖水复自此溪回，居民借以溉田。俗云：州人（无锡在元时升格为中州，故'州人'即指无锡人）不能远出，出辄怀归，以此溪水有回性所致。"梁溪是无锡的母亲河，无锡人对母亲河的眷恋，化作了浓郁的乡愁、乡情、乡风、乡俗。《无锡志》又载大运河在无锡城中的支流"九箭河"谓："故老云无锡有九龙峰，下有九涧，城中有九箭河应之。谚云：九箭通，出三公"（古代以司马、司徒、司空为三公，系共同负责军政的最高长官，后以三公用作大臣的最高荣誉）。而明万历二年（1574）所建的锡山龙光塔，是振兴无锡文风的状元塔、风水塔。从这点意义讲，惠山之山水，又是无锡人文荟萃、人才辈出的标志。

考古发掘表明：早在距今4000—3500年的新石器时代晚期，在锡山南麓老地名叫作"施墩"的地方（今锡惠公园喷水池一带），就出现古百越族先民的大型聚落，为太湖流域"马桥文化"类型，其时间段约略与夏、商、周三代之夏（约前2070—前1600）相同。公元前12世纪，"太伯之奔荆蛮，自号勾吴。荆蛮义之，从而归之千余家，立为吴太伯"（引自汉司马迁著《史记·吴太伯世家第一》）。当时，聚居在"施墩"的先民是否在"从而归之千余家"范围？给人留下丰富的想象空间。上述《无锡志》第一卷首述无锡风俗："……然自三代以来，承太伯之高踪，蹑季子之遗躅，其后才贤辈出，孝义迭见……而礼义备。民生敏于习文，疏于用武，盖其性然耳。"

唐"茶神"陆羽（733—约804）在其名篇《惠山寺记》中称："惠山……老子《枕中记》所谓吴西神山也。"老子与孔子（前551—前479），佛陀释迦牟尼（约前565—前486）是同时代的"东方三圣"。孔子曾问礼于老子，回去后对人说"老子犹龙"。而老子把九峰如龙的无锡最高山峰命名为西神山，更让此山增添了种种神秘又神奇的魅力和风采。老子的

《枕中记》早已失传，但老子的《道德经》却是享誉世界的经典。内有两句被尊奉为经典中的经典："道生一，一生二，二生三，三生万物""人法地，地法天，天法道，道法自然"。其中所揭示的人作为万物之一，必须尊重万物，善待生命；尊重自然，师法造化；道法自然，按自然法则办事的理念，恰恰是千百年来惠山古镇种种兴造、构筑活动的不易的宿命。

综上所述，无锡人心中的惠山，不仅仅是无锡的天然屏障、生态高地，又是无锡人的文化高地、精神家园。而惠山古镇则是这种自然美与人文美高度融合与发展的重要载体。

二、运河文化 孕育古镇

约在老子命名西神山稍后一些时间，公元前486年，踌躇满志的吴王夫差，打着尊奉周天子的旗号，为了北上与齐、晋等国争夺霸主地位，下令在长江以北开掘了"邗沟"，作为运送兵员和粮草的河道。而在该时间段，他在长江以南开凿了流经今苏锡常地区并北入长江的"吴故古水道"（简称古吴水）。这条水道在无锡地界内，利用的是当时依傍西神山（惠山）的那个天然湖泊。到了战国末期的公元前248年，楚令尹（宰相）春申君黄歇获准将他的领地从淮北徙封江东，以"故吴墟"为都邑。为此"立无锡塘"，治"无锡湖"。其中无锡湖即古吴水穿越的位于无锡北部的那个天然湖泊，该湖因盛产水芙蓉即荷花，后来被称为"芙蓉湖"。所谓"立无锡塘"，就是修筑堤岸以规范湖中航道，这也是无锡的一些古地名如"北门塘"等的由来。为了纪念黄歇的功绩，他在治无锡湖时曾经停留过的水中小岛，被称为"黄埠墩"。1690年刊行的清康熙《无锡县志》记载所谓黄埠墩"其始得名亦当以春申君故"，说的就是这个故事。无锡民间有"先有无锡湖，后有无锡名；先有黄埠墩，后有无锡城"的说法流传，看来还是有一定依据的。元《无锡志》称，"（惠）山侧有黄公涧，因黄歇以名"（黄公涧又名春申涧）；又载："歇后为李园所杀，吴人遂立祠于其地，以祀之。唐垂拱间，狄仁杰毁江东淫祀，祠亦见废。今惠山下有土神祠，即春申君也。"春申君祠，虽现已不存，但原是惠山最古的祠堂之一，是没有什么疑义的。至于黄歇曾立塘筑岸以规范航道的古吴水，在隋炀帝大业六年（610）被敕开为江南河，即江南运河。2014年，"中国大运河"被列为世界文化遗产，"江南运河无锡城区段（包含黄埠墩、西水墩二处）"是其27段典型河道之一。而这条运河的开辟，对于惠山古镇的发轫及其发展的意义是毋容置疑的。

当然，惠山古镇的形成不仅仅与山水有关，又与文化有关。西晋末东晋初，因避战乱，大量北方人口南迁，促进了无锡经济文化的发展。"画圣"顾恺之是无锡人，"书圣"王羲之亦曾寓居无锡。东晋、南北朝时，佛教传入无锡，"南朝四百八十寺"之一惠山寺应运而生。其大体经过为：南朝刘宋景平元年（423），司徒右长史湛挺把他几年前所建的隐所历山草堂捐作佛地，称"华山精舍"，此为惠山寺的滥觞。而历山、华山或古华山都是惠山的别称。其得名的缘起，唐陆羽《惠山寺记》认为："南朝多以北方山川郡邑之名权创其地。又以此山为历山，以拟帝舜所耕者。其山有九陇，俗谓之九陇山，或云九龙山，或云斗龙山。九龙者，言山陇之形若苍虬缥螭之合沓然；斗龙者，相传云：隋大业末，山上有龙斗六十日，因此名之。"在历山草堂至华山精舍这段时间，此地环境尚是山林模样。如湛挺的诗友，南平王刘铄有诗称赞此地景色"溜众夏更寒，林交昼常荫"。湛挺的唱和诗则云"离离插天树，磊磊间云石"。诗境所描绘的是一派林泉云石景观。数十年后，后来"江郎才尽"的著名文学家江淹（444—505）跑到惠山，写了首《无锡县历山集》诗，诗题中的"集"似可当集镇解读。诗中讲到当时的惠山，已有"一闻清琴奏""直置丝竹间"的音乐酒楼。惠山集镇，悄然兴起，镇缘寺兴，寺因镇旺，可说是顺理成章。

三、二泉成名　旅游发轫

至于《惠山寺记》的作者陆羽，是在安史之乱后辗转来到吴越之地的。陆羽于唐上元初年（760）在湖州城郊苕溪结庐定居，完成《茶经》初稿；经反复修改，直到大历九年（774）最终定稿。其间，他横渡太湖来到无锡惠山，并在惠山寺住过一段时间。陆羽对惠山石泉水的品评，直接导致了"天下第二泉"的诞生。在该时间段，无锡县在大历十二年（777）被公布为"望县"。当时全国的县级建制分为七等：第一等是京城所在的赤县，第二等是京城周围直隶畿县，第三等即在地方一级最牛的望县，以下还有紧、上、中、下之差。故可以这样说，"天下第二泉"是无锡经济社会发展的一个里程碑。而"天下第二泉"的声誉鹊起，又促进古代无锡旅游业的勃然兴起。元《无锡志》的"芙蓉湖"条，追记了一则唐末名人的旅游活动："惠山有望湖阁（案：该阁所望之湖即芙蓉湖），盖自山下百余里，极目荷花不断，以为江南烟水之胜。于是皮日休买舟，与陆龟梦及毗陵居士魏不琢共为烟水之乐。时乘短舫，载一甔酒，由五泻泾入震泽，穿松陵，抵杭越，号其舟曰五泻舟。"五泻是古芙蓉湖的一个水口，在今皋桥附近，现为锡澄运河与大运河交汇处的起点，应属惠山古镇的辐射范围。发起这次距今1000多年旅游活动的皮日休（约834—约883），字逸少，后改袭美，自号醉吟先生，襄阳（今属湖北）人。唐懿宗咸通八年（867）进士，为著作郎，迁太常博士，后出任毗陵副使（常州副长官）。黄巢起义军进长安，署为翰林学士。死因不明，一说为唐军所杀，一说为黄巢所杀。据此推测，皮日休等的赏莲之游应在其担任毗陵副使期间。他还为惠山写了一首千古传诵的诗："千叶莲花旧有香，半山金刹照方塘。殿前日暮高风起，松子声声打石床。"诗中所描绘的金莲池和听松石床，至今犹存。

四、惠山非遗 最接地气

无锡在明朝中期已出现资本主义萌芽。有记载表明，泥人在此时开始作为商品出售。事见明弘治七年（1494）刊行的《重修无锡县志》第一卷"风俗"："六月十九日，崇安寺鬻泥巧及戏玩之物。人民抱引，男女竞往买之，盖观音会之遗事。"该有关泥人的记载，比明末清初张岱（1597—1689）

之《陶庵梦忆·愚公谷》所载"无锡去县北五里为铭山。进桥，店在左岸。店精雅，卖泉酒、水坛、花缸、宜兴罐、风炉、盆盎、泥人等货"要早一个世纪（文中的"铭山"系"锡山"之误，所说的"桥"为宝善桥，"左岸"即上河塘）。

惠山泥人现为国家级非物质文化遗产，而省级非遗之惠山美食"金刚肚脐"（惠山油酥）最早的文字记载，则见诸清早期无锡名医杜汉阶所作的竹枝词："村人装束拜香来，直到茅峰绝顶回。买得金刚脐几百，二泉亭下再徘徊。"那么买了金刚肚脐的游人为什么要在二泉亭下徘徊呢？这与游人喜欢去二泉下池投饵喂食红鲤鱼的风俗有关。对于金刚肚脐，还有个"独一份"的故事可讲：大约在明灭亡后，一支据说是朱姓宗族辗转来到相对比较平静安宁的江南无锡惠山脚下。为了养家糊口，他们把原来明王宫小吃"重油烧饼"经过平民化的改良，做成纯素的小油酥饼，摆摊卖给去惠山朝山进香或踏青的香客和游人。为了招揽顾客，根据这种小油酥恰如惠山寺山门口"金刚殿"里金刚力士的肚脐眼一般大小，故有了"金刚肚脐"这个奇怪的名字。如结合杜汉阶所写竹枝词是在清早期做分析，这个传说故事还是有一定可信度的。

在此有必要说到无锡的一项重要非遗"太湖船菜"。因为自无锡城北游山船浜（故址在今红梅市场附近，已填废）经大运河、惠山浜去惠山的游山船菜，在时间上要比太湖船菜更早。例如，杜汉阶所著《梁溪竹枝词一百首》有句云："酒筵多备水窗间，宴客登舟到北关。八簋四盆称盛席，不看演戏定游山。"清乾隆进士、曾居住在江尖渚的杨莲趺（1742—1806）所著《芙蓉湖棹歌一百首》则谓："傍郭游船一道长，开窗先见踏摇娘。银泥胜子宜春贴，隔岁辛盘细细尝。"清中期著名无锡诗人秦琦（1766—1821）的《梁溪棹歌一百首》之《游山船》云："游山画舫碧窗纱，簏簏湘帘半面遮。欲试船娘调膳手，天妃宫外是儿家。"直至1935年12月，无锡县图书馆馆长秦铭光（1876—1957）所著《锡山风土竹枝词》尚有句道："蓉湖湖上绿波生，画舫寻春载酒行。斜日河塘归棹晚，坐花醉月酱园浜。"附注："湖船俗称花船，客集例开惠山河塘，晚归泊酱园浜，邀月纳凉，笙歌彻夜。其后改泊小尖，非纳凉时，即泊各船原泊处。"因为提起太湖船菜，就必定要说说"太湖三白"，即白鱼、银鱼、白虾，在无锡方志中把这"三白"相提并论的，首见明弘治《重修无锡县志》第八卷"鳞之属"。至于太湖船菜与惠山游山船菜之间是否有历史渊源，这里就不做探讨了。

五、祠堂所系 家国情怀

坐落在惠山并见诸文字记载最早的祠堂，是春申君祠（后以土神祠形式存世，已湮）和南齐建元三年（481）即宅为祠的华孝子祠。华孝子祠建祠1300多年后，至清乾隆十四年（1749）七月，无锡知县王镐将原列为官祭的16祠增至54祠，并报请江苏省布政使衙门，获准将编制内原16祠的官祭银两分摊给54祠，"杨柳水，大家洒"，博得人人点赞，皆大欢喜。又至1949年4月无锡解放前夕，惠山镇祠堂的数量翻了一番，有说108座的，也有说118座半的，等等。其实这并不奇怪，因为有的祠堂本身有"双重身份"。例如寄畅园本是别墅园林，清乾隆十一年（1746）秦氏公议将园内嘉树堂改为双孝祠，园为孝园，故寄畅园又可视作祠堂园林；又如明南京礼部尚书邵宝创办的二泉书院，在邵宝逝世后，改为祭祀他的邵文庄公祠；等等。所以，由于统计时归类的不同，惠山镇祠堂的具体数量略有不同，应属合理范围。在这涵盖了80多家姓氏的100多座祠堂中，有10座具有典型性、原真性、相对完整性的核心祠堂，于2006年以"惠山镇祠堂"名称，被国务院公布为全国重点文物保护单位，华孝子祠位列榜首。

　　华孝子祠的故址即孝子华宝（？—481）的故居，原在今二泉亭之上一个老地名叫作"华坡"的台地上。元《无锡志》第四卷"辞章"所引永嘉进士高明撰《华孝子故址记》载："惠山寺之东偏，当泉水之上有三贤祠。按志书，今祠址，华孝子所居宅也。"公元418年或前些时候，他的父亲华豪服兵役去长安守边关，临行前对八岁的华宝讲："等我回来，为你举行成人礼。"谁知长安失守，华豪牺牲。这样，信守对父亲承诺的华宝年至七十还梳着童子发髻，没有结婚，有人问起，唯有号啕大哭。华宝在南齐建元三年（481）逝世，其事迹上报朝廷，齐高帝萧道成十分感慨，在王朝更迭十分频繁的那个年代，朝廷高官尚且朝三暮四，有奶便是娘，但平头百姓华宝却能信守诺言坚持六七十年，应该树为榜样。

于是下旨将华宝事迹宣付国史，同郡薛天生，刘怀胤、怀则兄弟一并旌表门闾。华宝故居由此即宅为祠。因华宝终身未娶，晚年以弟华宽之子为嗣子，接续衍生为江南望族。唐及两宋间，在华宝故居原址的华孝子祠，曾三次重修或重建。

元至治年间（1321—1323），其后裔"始于（二）泉之东偏，建祠以祀孝祖"，即搬到了现址。明弘治十七年（1504），华孝子祠曾做扩建，拓扩范围内，部分用地原属惠山寺。如享堂前的鼋池（双龙泉），原为惠山寺水陆堂前养鼋的泉池，南宋乾道六年（1170）已见诸文字记载，明万历二年（1574）刊行的《无锡志》第二卷载："鼋池，旧志在惠山寺水陆堂前，今在华孝子祠。旧传中有大鼋，游人戏投饼饵，则出就食。"华孝子祠建筑中轴线计五进，现对其中的两进做说明：一为明弘治十七年扩建的享堂，今在堂内正中，供奉梳着童子发髻的华宝铜像，其神龛上方，悬挂唐相魏徵撰《孝子华公像赞》匾额："承父之命，恪守以终；八十不冠，万世攸崇；名标青史，子孝父忠；绵绵遗泽，衍庆无穷。"父亲牺牲疆场，为国尽忠；儿子信守承诺，在家尽孝。华氏之家国情怀，令人敬仰。另一为位于华孝子祠东西主轴开端的建于清乾隆十三年（1748）的四面坊。坊之四面，原悬挂华氏忠、孝、节、义人物名录及科举中式的进士名录牌匾。明清时无锡华氏共出进士36名，其中仅次于状元的榜眼2名。这里需要说明的是四面坊这种建筑形式，原本中空无顶，但民间包括华氏家族中却流传一种说法：要等华氏出了状元后，方才牌坊结顶。这其中彰显着忠君爱国、孝悌仁爱、积极用世、书礼传家的既往和愿景。

六、康乾幸园 文化交融

无锡园林始于何时？清光绪六年（1880）许梿等辑《重修马迹山志》载："避暑宫，相传吴王阖闾避暑于此，遗址尚存。"该志还收录了南宋著名诗人范成大的《避暑宫》诗："蓼矶枫渚故离宫，一曲清涟九里风。纵有暑光无著处，青山环水水浮空。"可谓诗情画意全体都有。却因"相传"二字，让我们至今尚不能明确无锡园林已有2500多年历史，且其老祖宗是帝王宫苑。然而"南朝四百八十寺"之一的惠山寺应该是靠谱的无锡园林之滥觞。公元423年，南朝刘宋的高官司徒右长史湛挺把他建在惠山头茅峰东麓的山庄墅园历山草堂舍作佛地，称"华山精舍"（历山、华山都是惠山的古称），此为惠山寺的前身。从当时湛挺和南朝贵族、南平王刘铄的唱和诗看，惠山寺从一开始便种下了以泉石林木取胜的园林种子。依托着惠山良好的自然生态以及和尚们特别是好几位诗僧的远见卓识，惠山寺的园林传统能一以贯之延续至今。2002年，江苏省人民政府公布"惠山寺庙园林"为江苏省文物保护单位便是明证。

不仅如此，国务院已公布的惠山4处全国重点文物保护单位，都或多或少与惠山寺有着不舍的因缘。例如：2006年列为国保的唐代泉水园林"天下第二泉庭院及石刻"其泉池原是惠山寺僧众和附近百姓的饮用水源；2013年列为国保的

"惠山寺经幢"，即建于唐乾符三年（876）的佛顶尊胜陀罗尼经幢和建于北宋熙宁三年（1070）的大白伞盖神咒幢，是惠山寺山门口具有祈福消灾等吉祥寓意的佛门标志；1988年列为国保的明代山麓别墅园林寄畅园，其园址是惠山寺元代僧舍沤寓房；在国保"惠山镇祠堂"的10座核心祠堂中，华孝子祠、淮湘昭忠祠的祠址都在惠山寺原范围内，至德祠、尤文简公祠、钱武肃王祠都紧紧毗邻惠山寺界。而且，虽然它们分别为寺庙园林、泉水园林、别墅园林、祠堂园林，但都有一个共性，即坚持道法自然、天人合一，"虽由人作，宛自天开"的理念，臻于"大环境，小园林"，环境与园林浑然一体的境界。于是乎，惠山园林声誉鹊起，甚至传入皇帝的耳朵。

从清康熙二十三年到乾隆四十九年（1684—1784）的整整100年间，康、乾祖孙两帝各六次南巡，均七次驻跸惠山。从他们在惠山的巡幸路线看，游览寄畅园、礼佛惠山寺、品茗二泉水成为"标配"。换句话说，他们在某种程度上是冲着惠山园林而来。同时又带来了以京杭大运河为纽带的南北文化大交流：康熙、乾隆在惠山留下大量宸翰墨宝，极大丰富了惠山的人文内涵，提升其精神境界，并由此促成了惠山文脉在京师生根开花。1751年，乾隆首次南巡回到北京后，于清漪园之万寿山东北麓仿惠山寄畅园建惠山园，即今颐和园中著名的园中之园——谐趣园。又在与万寿山山水相依的昆明湖的南湖，仿大运河中流的水上园林黄埠墩筑凤凰墩，其上建凤凰楼（黄埠墩上原有环翠楼），与岸边龙王庙合为龙凤呈祥；凤凰楼在道光年间被拆除，新中国成立后，园林部门在凤凰墩上建了一个亭子。可能出自乾隆特别钟情寄畅园，他还在圆明园的"廓然大公"景区做仿建，后来曾扈从乾隆驻跸寄畅园的十五阿哥嘉庆还为此写了一首诗："结构年深仿惠山，名园寄畅境幽闲。曲溪峭茜松尤茂，小洞崎岖石不顽。"由于乾隆十分倾心惠山寺的"竹炉煮茶"，他在玉泉山仿建了天下第二泉庭院边的竹炉山房，具体位置在玉泉山之"玉泉趵突"上面的龙神寺之南。他还仿惠山寺煎煮二泉水泡茶的竹茶炉，于苏州编了两具带回北京，其中一具现为北京故宫博物院的藏品。乾隆携回北京的惠山非物质文化遗产，除惠山寺"竹炉煮茶"茶艺外，还有民间高手王春林创作的三盘"泥孩儿"，这泥孩儿是不是"大阿福"呢？现无锡博物院入藏的清乾隆时大阿福那神秘的笑，确实意味深长。而作为乾隆青睐惠山物质的和非物质的文化遗产的余绪，20世纪90年代初，二泉亭作为中华名亭之一，被仿建于北京陶然亭公园。

从上述不难看出：惠山文化基因具有多元、多维度的时间、空间特点，这恰恰为我们今天在惠山古镇景区开展全域旅游，提供了可以大展身手的广阔天地。

以"梅开五福"解读梅园文化底蕴

沙无垢　姜雷春　熊　蕾

原载《无锡城市科学研究》2020年第1期，标题为《梅园文化底蕴的解读和弘扬》，本文为其中的第一节。

古人以形取象，因一手五指而创金木水火土"五行"学说。而儒家有"五福"之说，《尚书·洪范》谓"五福：一曰寿，二曰富，三曰康宁，四曰攸好德，五曰考终命"（攸好德，谓品德；考终命，指得到善终）。儒家的创始人孔子以自然比喻美德："仁者乐山，智者乐水。"他的学生们又以仁、知（智）、义、礼、信而谓物类的五种品性。道家则有"五德"之说；释家（佛教）有"五智""五乐"之说。梅为蔷薇科植物，花冠五瓣，今附丽五福之说，对应梅园实际，试以"梅开五福"来解读梅园文化底蕴：一曰德、二曰仁、三曰智、四曰寿、五曰乐。

一曰德　德在古代是一种宽泛的概念，既指道德、恩德、感德等，又指哲学范畴之具体事物从"道"所得的法则和规律。荣德生的造园思想萌生于1906年。他在自传性质的《乐农自订行年纪事》中写道："友人徐子仪同往苏游刘园，盛氏购自刘姓也，布置甚好，至西边一角更胜。徐问：'最喜何处？'以西园答之，将来欲自建此一角。"《纪事》中的"刘园"即"留园"，系明进士、工部营缮司郎中徐泰时于明万历二十一年（1593）所建。该园有东、西两园，东园为留园前身；西园演变为戒幢律寺，但仍称西园。清末由常州"红顶商人"盛宣怀出资修葺。西园的园景以放生池为中心，是一处典型的寺庙园林。其黄墙券门上，题额"西园一角"，而坐北朝南的石库门上署"广生放生园池"砖额，与其相对的照墙上则嵌有"大德曰生"四个砖刻大字。与荣德生的大名机缘巧合的这四个字，出自《周易·系辞下传》，原句为"天地之大德曰生"。其意为：天地的大德说的是生长（育）万物。荣德生十五岁时就学《易》，对此意自能心领神会：人为万物之一，敬畏自然，善待环境和环境中的万物，就是善待自己。这种道法自然、天人合一的理念，可说是贯穿了梅园造园的全过程。而无德公之德，就无荣氏企业的兴建和兴盛，而无荣氏企业就无"荣氏梅园"和园内"开原寺及汉藏佛学院旧址"这两处国保、省保的诞生。

二曰仁　仁是古代一种含义极广的道德规范，可理解为爱心。有人问孔子什么是仁？孔子回答"爱人"。唐韩愈《原道》开头即谓"博爱之为仁"。所以儒家讲仁爱，亲亲为大，推己及人。荣德生的父亲荣熙泰嘱咐后代，要"以一己之利，推及于社会，遍及天下"（引自唐文治撰书《荣隐君熙泰先生铜像记》），就体现了这种思想境界。1955年9月11日，荣德生四子荣毅仁致函无锡市人民委员会（当时市政府称市人委）："兹为完成先父愿望"，"将梅园除乐农别墅一部分拟留作纪念先父之处外，全部园林建筑物……赠献政府"。并认为：梅园"由政府管理，则内部布置是必更为绚丽灿烂"。而1912年荣德生兴建梅园是将其作为"社会事业"来对待的。所有这些足以说明：梅园是传承优秀传统文化之仁爱思想的一个生动例证。

三曰智　毋庸讳言，荣氏企业雄厚的财力为梅园的构建和管护提供了切实的资金保障。但造园和管护水平的高下，并不仅仅取决于财力，从某种意义讲，甚至智力的作用超过财力。中国园林的最高境界，用中国乃至世界上第一部造园专著、明末吴江人计成（无否）所著《园冶》的话来说，那就是"虽由人作，宛自天开"，可理解为自然最美，最美的园林是最接近自然的园林，即"道法自然"。而到达该境界的路径，可以归结为"因借"二字，即用"天人合一"的理念，做到因地制宜和借景。所谓造园有法无式，景到随机，因借无由，触情俱是。从梅园的造园和管护实践看，正是体现了这种高超的智慧。1922年3月，前清两广总督岑春煊（1861—1933）下榻梅园，为园子书题"湖山第一"匾。1928年11月，著名作家郁达夫（1896—1945）造访梅园，在园内太湖饭店（今梅园管理处办公室）住了一宿，他认为，"梅园之胜在它的位置，在它的与太湖接而又离、离而又接的好处"，"而在这梅园的高处……眼下就见得太湖的一角，波光容与，时时与独山、管社山的山色相掩映"。下面我们将这些评价逐句做分析:"湖山第一"可说成对梅园所见景色的赞美,也可理解为梅园对自然环境的尊重,即把湖山放到了第一位置;"结构天成"如对照前面所引《园冶》所言,可谓异曲同工;梅园胜在位置,契合《园冶》之"相地合宜,构园得体",而登高所见,则好在借景。梅园的高妙,又表现在以生态造园、植物造景、倚山饰梅、以梅饰山而开无锡太湖近代园林风气之先。原国家副主席荣毅仁哲嗣智健先生,近年来先后捐巨资修复历史建筑敦厚堂,开辟千本腊梅园,更强调梅花是梅园之本,倡植"荣氏梅园纪念林",传承梅园文脉,提升梅园境界。汉《淮南子》谓:"众智之所为,无不成也。"正是荣德生兴建梅园,荣毅仁赠献梅园,荣智健提升梅园的智慧结品,成就了今日梅园而为国之瑰宝的百年佳话。

四曰寿 佛讲因果,德、仁、智为因,寿、乐为果。寿之果,源于德者心宽,仁者心安,智者心平,而情志宁静为健康长寿的内在原因;植物造景成就之绿水青山为健康长寿的外部条件。以此观之,梅园不啻是无锡百姓的民生福祉,生态乐园。

五曰乐 佛说"五乐",可做多种诠解,其一指通过耳、目、鼻、舌、肤而获听觉、视觉、嗅觉、味觉、触觉之五种悦乐。你去梅园走一遭,定能满载五种悦乐而归。梅园造园伊始是私家别墅园林,但荣德生将其作为"社会事业",建成后向公众免费开放,诚如陆松笙赠联所云:"为天地布芳馨,栽梅花万树；与众人同游乐，开园围空山。"而荣氏企业，始之以面粉，继之以纺织，实业救国，衣食为本。所获利润，襄赞公益，民生为上，造福乡梓，此种种家国情怀之善举，亦何尝不是为"天下布芳馨"？今日梅园为天下游人之美丽花园、无锡百姓之生态乐园、荣氏家族之精神家园，堪称经典范例。

（顾祚维　摄）

2001 年 10 月 2 日，荣智健和沙无垢在经畬堂前合影。该堂又名读书处，当年荣毅仁在此学习中学课程

从"梅开五福"归纳梅园五大价值：以"琼枝小雪天，梅花精神好"为思想境界的文化价值；以"四面青山皆入画，一年无日不看花"为造园主题的生态文明价值；以"天人合一，人文情怀"为追求目标的园林艺术价值；以"尊重历史，保护第一"为践行宗旨的文物价值；以"拥抱自然，美丽家园"创造综合效益的旅游价值。

鼋头渚108景之元本曹湾

一、元代古村落"曹湾"

为了健康，为了生计，为了家族的发达昌盛，古人总会选择"来龙乘气，遇水而止"的地方，作为自家的聚居生活场所。今属太湖鼋头渚风景区的"曹湾"，就是这种倚山临湖，坐西朝东，藏风聚气，林茂泉洁的风水宝地。元代至正年间（1341—1368），由大画家倪瓒的老师王仁辅编修的《无锡志》载："充山……与独山村相对，山下有湾，曰曹湾，坦为平壤，悉皆粮田。"为我们勾勒出一幅山明水秀，男耕女织的生动图画。

二、"元本曹湾"景色美

曹湾的山水景观，素为文人雅士所重视。明崇祯进士、兵部职方司郎中王永积（1600—1660）在其名著《锡山景物略》载："独山门……下为曹湾，水石激溅，山根尽出，嵯岈苍老，绵亘数十丈计。更有一巨石，直瞰湖中，如鼋头然，因呼为鼋头渚。"指出鼋头渚与曹湾之山水相依，气脉相承，各美其美，美美与共的和谐圆融气象。山湾高处，原有古尼庵"小普陀"，供奉观音菩萨，尤宜静修参禅。2001年秋，鼋头渚管理处于此湾种植樱花。翌年，将原在城中的秦敦世故居——保誉堂拆迁于此。嗣后，又绕山池点缀若干轩榭亭馆，配植以秋色（花、果、叶）为主的四季花木，自成院落，为"曹湾樱雨"增添了丰富的人文风采。

三、"鼋头渚"刻石的故事

"太湖佳绝处，毕竟在鼋头。"大文豪郭沫若的瑰丽诗句，为我们更好地欣赏太湖重湖叠巘、包孕吴越的平远淡雅、清旷容与美景，点明了最佳角度。1916年，鼋头渚始构园林。十数年后，园主在鼋头之上立镇石为标识。石的两面，分别镌刻秦敦世手书的"鼋头渚"三字和末代状元刘春霖题书的"鼋渚春涛"四字。该原石毁于"文化大革命"，于立石处改塑《亚非拉群众》雕像；雕像拆除后，又改叠湖石三峰。1974年，湖石圮塌；即从大浮乡采得一方高达二米许的本山黄石，作恢复镇石之用。石上字迹，按老照片描摹，但缺秦敦世署名及印章。1995年，据秦敦世的外孙女、全国政协副主席钱正英提供的资料作补刻，终成完璧。今天，恢复了历史原貌的该刻石，正成为游人必到的"网红打卡"地，有"不到鼋头渚，等于没到太湖"的说法广为流传。

四、"梁溪七子"之秦敦世

秦敦世（1862—1944），为北宋著名词人秦观的三十一世孙，原名宝璐，字湘臣，晚号大浮老人。清光绪举人，历官工部、礼部郎中等。辛亥革命后，受聘教育部，筹备并长期任职北京历史博物馆。擅诗文、工书，是近代无锡"梁溪七子"之一。女儿秦丽茗嫁吴越王钱镠后裔、嘉兴钱夔，他们的女儿（秦敦世外孙女）为钱正英。

五、秦敦世祖居"保誉堂"

秦敦世祖居"保誉堂"原在无锡城区人民中路（老地名"观前街"）南面的中市桥巷和镇巷一带，与两处全国重点文物保护单位"秦邦宪故居"和"阿炳故居"相距不远。因道路拓宽，于2002年2月拆迁至曹湾；十多年后以原构件复建。计两进：前进为门厅，后进为四开间楼房，中隔天井。建筑为典型的江南民居风格，黛瓦粉墙，木门木窗，尤擅清雅质朴的书香门第气派，与"书诗传家学"（乾隆对无锡秦氏的评价）的门风相一致。保誉堂的文化底蕴深厚，除上述钱正英外，秦敦世的胞姐顾秦氏，是学贯中西的大学者顾毓琇的亲奶奶；而顾毓琇的母亲王镜苏则是全国政协原副主席、民革中央原主席王昆仑的嫡亲姑妈。所以说，讲好保誉堂的故事，应是美丽鼋头渚的题内应有之义。

可吟台记

宋熙宁六年岁暮，苏东坡自杭抵锡，登惠山，品二泉，所吟七律之"水光翻动五湖天"处，于二〇一八年构可吟台。台周栏杆，遍刻无锡画家王仲山写于明嘉靖壬戌年宝界山可吟亭之蠡湖山水图卷，可吟台位置恰在该画境中，此台名之缘起也。台倚鹿顶山，临蠡湖而筑，隔水远瞩，惠山石路隐约有无间，亦东坡居士"石路萦回九龙脊"诗情之所在。盖中国风景构图，外师造化，中发心源，立意在先，景循意出，触景生情，情系游人，而臻于"道法自然自然美，天人合一人为一"之美妙境界。以此观之，可吟台虽为美丽无锡至简一笔，却不可无墨以记之。

无锡市太湖鼋头渚风景区管理处立石

庚子年荷月　梁溪沙无垢撰书

为蠡园添一联

约在20世纪一二十年代，蠡园之滨的青祁村人虞循真（1886—1968），在家乡成功开辟了以植物为主要欣赏对象的"青祁八景"，使该地以"山明水秀之区"而令人向往。至30年代初，蠡园园主王禹卿（1879—1965）的妻弟陈梅芳（1880—1968），在蠡园之旁始建号称"赛蠡园"的渔庄，原"青祁八景"之一的"桂林天香"纳入渔庄范围。后因抗战爆发，渔庄造园工程搁浅。新中国成立后，老蠡园和渔庄在1952年合并，仍称"蠡园"。1954年，园林部门在桂林天香前面的荷花池畔，点缀了四季亭。这样桂花开时，荷花虽已收官，但仍有田田碧叶可以"留得残荷听雨声"，这是一轴充满着诗情画意的美丽图卷。大凡人与自然和谐共处了，更会觉得处处是美景。证之美学，美感产生于审美主体和审美对象的交流和交融。

桂花和菊花都是秋天的名花。所以，在20世纪80年代的某年，为配合菊展，在桂林天香的花丛中做了一座竹结构的茅草亭子，取晋陶渊明"采菊东篱下"的典故，取名"陶三径"。古代，人们把考中进士、金榜题名雅称"蟾宫折桂"，使地上和月亮中的桂花都是那样地芬芳，又把"洞房花烛夜""金榜题名时"相提并论。于是，月宫就和美满的婚姻扯到了一块儿。当时，去蠡园拍摄婚纱照的新郎新娘可不少，于是就干脆把那块"陶三径"的匾额换成了"月老亭"。然而，婚纱和西装似乎更适合那种繁花似锦、碧草如茵的环境，与茅草亭的隐士风格不般配。结果是前些时乘蠡园大修的机会，把茅草亭子改成砖木结构的园亭，这种典雅的江南水乡建筑与桂林天香的环境氛围十分合拍，博得众人称好。

前不久，蠡园领导约我去该园办点事，又希望我能为这新修的亭子写副对联，我爽快地答应了下来。为什么？因为该亭不远处的濯锦楼上，悬挂着先父沙陆墟先生集前人诗句书写的楹联："路横斜，花雾红迷岸；山远近，烟岚绿到舟。"所以我承蠡园领导的美意，效法父亲的做法，根据北宋词人柳永"三秋桂子，十里荷花"的词境制一联，并请沙春元先生书写："三秋桂子乘神舟去月宫布芳馨；十里荷花留碧叶在雨中听清音。"虽然该联与父亲的联差距很大，但我还是因能为已经服务了一辈子的无锡园林再做点事而感到十分欣慰。

三秋桂子乘神舟去月宫布芳馨

十里荷花留碧叶在雨中听清音

承柳永词境沙无垠撰句

辛丑年仲春沙春元书

与先父著《街头艺人阿炳》
有关的一些事

老同学、老同事龚近贤先生在主编《锡山旧闻——民国邑报博采》时，收录了先父沙陆墟先生登载在1947年4月11日《锡报》上的五言长诗《街头艺人阿炳》。当龚先生主编的这本书在2011年1月由上海辞书出版社出版时，先父已驾鹤一十八年。对于多年前他自己所写的诗，可能他早已遗忘，所以他在世时从未说起过。龚先生将坚持十余个春秋，选编了文献资料50余万字，像砖头一样厚的书送给我一本，并告知书上有我父亲的那首长诗。我赶快翻到这诗，其首句"我住公园边"，就勾起了我幼时的一些记忆碎片。后又经多方查证，发现这句诗背后蕴藏着丰富的内涵。事情要从写诗的半年前说起：

1946年9月中旬，为免遭国民党当局的进一步迫害，父母亲带着大哥和我离开外婆家（今福建省建瓯市城区序五里43号），回到家乡无锡县阳山陆区桥。这年，距我外公刘葆彝牺牲恰二十年。刘葆彝，字序五，出身建瓯名门望族，牺牲前是北京工业大学学生。1926年3月18日，他在参加李大钊主持的在北京天安门举行的爱国集会时，被段祺瑞执政府的卫队开枪射杀，同时殉难的共47人，史称"三一八烈士"；其时又有多人受伤，包括陈独秀的儿子陈乔年。鲁迅先生著《纪念刘和珍君》把这天称为"民国以来最黑暗的一天"，刘和珍为"三一八烈士"之一。外祖父的故居（外婆家）在1927年8月间，成为直属中共中央领导的中共闽北临时委员会（简称闽北临委）机关所在地，至12月份安然完成历史使命。中共闽北临委旧址即刘葆彝烈士故居，在1991年被福建省人民政府公布为福建省重点文物保护单位，1996年列为福建省南平市爱国主义教育基地。而回到无锡老家的父亲为了维持生计，一方面在家乡筹建种植阳山水蜜桃2000棵、占地面积50余亩的陆园农场；另一方面，又在城中公花园旁边的公园饭店包了一间房，拟创办一家晚报。据1947年4月由民生印书馆印行的《无锡指南》（第十七版）"食宿娱乐·旅社"载：公园饭店在"城内公园路三号，电话一三七"。这就是"我住公园边"这句诗的前因后果。公园饭店与瞎子阿炳居住的雷尊殿近在咫尺，于是就有了长诗中对于阿炳精准的记录和描绘。而位于无锡市图书馆路30号，原为洞虚宫道观之雷尊殿，后以"阿炳故居"名称，于2006年由国务院公布为全国重点文物保护单位。

在父亲所著的长篇小说中，写到瞎子阿炳的有多处，尤其是《小上海八怪》，瞎子阿炳是主角。原以为父亲对阿炳言行及具体场景的描写，是仅凭资料、传闻及想象、夸张的小说家言，看过这长诗后，方知文学艺术源于生活，是真实不虚的。

龚先生使尘封了60多年的我父亲，也是他老师的这首诗重见天日后，又带来了一些连锁反应。先是音乐界有朋友认为：这首诗为今日研究阿炳身世及作品提供了有价值的第一手资料或线索，其中包括阿炳二胡名曲《二泉映月》的早期信息，还有若干音乐素材则尚属首次披露。当年还是无标题音乐的阿炳二胡名曲《二泉映月》，现已名闻海内外。父亲的在天之灵有知，一定会感到十分欣慰的。美籍华人学者唐孝先2018年10月29日发文认为：该诗"绘声绘音地记录了阿炳在无锡城中公园卖艺的实况，是一曲扣人心弦的悲歌"。前不久，我请无锡市图书馆副馆长殷洪研究员将登载该诗的《锡报》原件扫描，兹恭录于后，以飨读者。该原件上有阿炳的漫画像插图，也很有可能是迄今有关阿炳的最早的艺术形象。

（以下为《锡报》原件剪报影印）

街頭藝人阿炳　陸墟

我住公園邊，終夜夜，聞有雅歌；夜夜，室中多長客，不飲久流連！忽聞有雅歌，低音比蟲眠。歌且不知箇，聽然孤魂泣，聲聲血淚傾。此曲何人類？阿炳含淚拉，殷殷如訴頭。日不見天。鳳凰眼，紅物，您咚如哽咽。

高擊似牛喘，低音比蟲眠，歌且不知箇，遠複。噌吰毛拟，爭奇不門。入夜複入夜，琴聲如流水，不全。一曲頃三千。成百結，竹索不斷，絲竹無不奏，一少您您，黃金鍵鄉，不見阿嬌淚？擐衣走相奔。

此曲何人類？五指序七七，我撫是隴豎；不給何高古？知音不需錢。我間買科事物，您咚弓陌阱，鑷人泡路乞，君無牛勺田；才女是聲債，擐人間世，不見何常戚感，播人常戚感，羡君六觀絕！羡君六觀絕！殆令解如真。

先父与阳山水蜜桃缘分不浅

又到了阳山水蜜桃飘香的季节。日前，龚近贤先生告诉我，他在十几年前去市图书馆查阅资料时，发现1949年3月1日的《人报》上，载有我父亲陆墟先生与水蜜桃有关的一则报道。于是，我趁着今年端午节放假，即与小弟同去市图，那天恰逢朱刚先生值班，经三人反复核对，该报道全文如下：

陆园桃

无名记者

据本报广告栏载：陆园将以其"嫁接桃秧"广售于有园艺癖者，此佳事也。陆园之桃，名闻遐迩。去岁在万象厅待沽，门庭若市，求者接踵，价倍于市，求者不计焉，唯恐桃之不能得也，其物珍贵可知矣。

陆园主人，以写《潘巧云》《舞女方珍》两书驰誉之陆墟先生。战前战后两度服务于本报，现掌苏州《江东日报》社务。有志农事，在西乡陆墟桥，辟地五十亩，植桃二千枝；凿土为池，养鱼三千尾。以其地及主人，皆名陆墟，故曰"陆园"。以个别农场请案于中枢，农林部派员实地勘查，许其规模，赞其技艺，首发登记证，在锡地为第一号。主人因而喜，曾张筵以庆之。

园中产桃，年可五六百担；越三年，达八百担。泰半系水蜜桃，蟠桃与绿林桃各占五分之一。水蜜桃二只合一斤，大如碗，红白兼有之。异香扑鼻，置一二只于室中，全室馥郁。以指甲刨其皮，皮立脱食之，虽玉液琼浆弗如也，沁其心肺，芳留齿颊，奉化潍城岂能望其项背哉？

与上文可链接的是，2002年12月《吴文化》所载许佩雯《阳山水蜜桃》谓：

抗战胜利后，一位名叫沙陆墟的人在那里办了50多亩的"无锡陆园农场"，解放后收归县办，由县农业局委派当地干部沈镜泉任场长，1961年又划归阳山农场领导。经过长期的精心选育，形成了以早熟品种"白凤桃"，晚熟品种"白花桃"为主的无锡水蜜桃品系，尤其是一种桃皮上有红圈、桃尖猩红如血名叫"笔管红"的桃子最为名贵。

分析以上两文，父亲所创办的种植水蜜桃的陆园农场，在规模经营、优选品种、改良

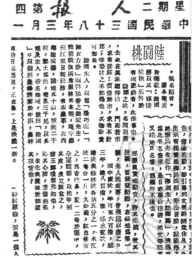

技艺、开拓市场等方面，是走在当时前列的。又据我与弟、妹回忆：父亲健在时，曾说过，筹备陆园农场的经费，来源于变卖母亲陪嫁的约半斤金首饰。其初衷是可以用农场的经营利润，让所有子女读到大学毕业。又因为陆园农场系经过当局批准的合法农场，所以解放后收归县办为政府收购性质。陆园农场被政府收购接办后，阳山水蜜桃翻开了新的一页。

后　记

　　我以"笔"收尾的书——《无锡风物百景漫笔》选收的是1982—1988年的文稿，以记事为主；《园林走笔》所选收的是1998—2001年的文稿，感悟和思考多了一点；这本《园林余笔》选收的是2002—2021年的文稿，2002年我已临近退休，所以该书主要是退休后所作，可能可以"跳出园林看园林"，与"不识庐山真面目，只缘身在此山中"稍有不同，所感所思就更多了一点。由此，三"笔"或多或少反映了我的心路历程。"余"有余年、多余、宽余等多种含意，这又是"余笔"书名的缘起。这三"笔"都选用了老朋友顾祚维先生拍摄的照片，在此一并致谢！

　　我的金乡邻钟尧元、詹智玉伉俪为本书设计封面；胡飞硕士为扉页绘稿；无锡市文化研究会诸菡妍统校了本书全稿；无锡市城投广场运营有限公司陶宇威、冯正山、王继勤，江南大学设计学院朱蓉教授和她的研究生陈梦瑶、李新阳，惠山古镇景区管理处钱立真，鼋头渚风景区管理处匡琳、黄艺，蠡园管理处朱丽敏、鲍颖飞，以及我的弟、妹，我全家都为本书出版出了大力。特此表示由衷的谢意。

我还要感谢读者诸君的厚爱，使我有勇气把我知道的，所想到的一些事写出来，面向社会。这本书，同样请读者诸君鉴赏和不吝赐教。再次向大家说一声：谢谢！

沙无垢

2021年6月8日